单片机原理及应用

颜颐欣　孟绍良　主编

U0241584

中国纺织出版社

内 容 提 要

本书围绕STC89C51这一经典单片机讲解了单片机开发的思想和方法,系统地介绍了单片机内部的功能结构、软硬件资源的原理与应用,并介绍了不同的外部扩展方法。全书共10章,主要内容包括单片机是能够执行程序的芯片、单片机内部结构及最小系统、C51程序设计、I/O口的简单编程、中断函数——条件满足立即插入执行的代码、集成定时器——提供精确的运行时间、利用集成串口联网通信、单片机与其他设备的总线技术、单片机应用系统设计、单片机汇编指令系统及编程。

本书结构规范、系统性强、实例丰富,论述深入浅出、循序渐进,可作为高等院校自动化、电气工程及其自动化、计算机应用、通信工程、控制工程、电子信息工程以及机电类等专业的教材或教学参考书,也可供从事相关专业的技术人员参考。

图书在版编目(CIP)数据

单片机原理及应用 / 颜颐欣,孟绍良主编 . --北京:中国纺织出版社,2019.2

ISBN 978-7-5180-5763-4

Ⅰ.①单… Ⅱ.①颜… ②孟… Ⅲ.①单片微型计算机 Ⅳ.①TP368.1

中国版本图书馆 CIP 数据核字(2018)第 273510 号

责任编辑:朱利锋　　责任校对:楼旭红
责任设计:何　建　　责任印制:何　建

中国纺织出版社出版发行
地址:北京市朝阳区百子湾东里 A407 号楼　邮政编码:100124
销售电话:010—67004422　传真:010—87155801
http://www.c-textilep.com
E-mail:faxing@ c-textilep.com
中国纺织出版社天猫旗舰店
官方微博 http://weibo.com/2119887771
北京虎彩文化传播有限公司印刷　各地新华书店经销
2019 年 2 月第 1 版第 1 次印刷
开本:787×1092　1/16　印张:17
字数:337 千字　定价:84.00 元

前　言

自 20 世纪 70 年代以来，单片机在工业控制、仪器仪表、航天航空、军事武器、家用电器等领域的应用越来越广泛，功能越来越完善。由单片机及各种微处理器、DSP 所构成的嵌入式系统设计已成为电子技术产业发展的一项重要内容。单片机技术的应用能力也成为电子信息工程、电子技术及自动化、测控技术、生物医学类工程、计算机应用等相关专业技术人员必须掌握的技术之一。

本教材的目的是通过理论教学与实验环节，使学生正确理解单片机的基本概念、基本原理，掌握单片机程序设计和微机接口应用的基本方法，并能综合运用单片机的软、硬件技术分析实际问题，为进一步学习计算机原理和有关接口知识打下良好基础。本教材以够用为原则，简化了单片机理论的难度和深度，以 STC 公司的 STC89C51 单片机为例，详细介绍了单片机的基础知识、基本结构、指令系统、内部资源、外部扩展等基本内容，并增加了大量实训环节，从课程一开始就力求提高学生的学习兴趣、培养动手能力和软硬件综合应用能力。

此外，本教材内容通俗易读，文字流畅，概念清晰，叙述深入浅出，内容循序渐进，阶梯式上升，符合学生的认知规律。各章的内容安排既联系紧密，又相对独立，便于教师取舍，因材施教，进行分层次教学。

本教材在编撰的过程中，借鉴和引用了部分国内外相关文献和成果，在此表示由衷的感谢！

由于作者水平有限，书中难免有疏漏和不妥之处，恳请读者批评指正。

编　者
2018 年 12 月

目　　录

第1章　单片机是能够执行程序的芯片

【本章要点】

- 了解单片机是什么
- 了解 51 单片机的功能
- 了解单片机系统的开发过程

单片机是一块集成电路芯片，把有数据处理能力的 CPU、随机存储器 RAM、只读存储器 ROM、I/O 口、中断系统、定时器/计时器、串口通信等部分集成到一块芯片上，结合其他电子器件就构成一个小而完善的微型计算机系统，在智能设备领域有广泛的应用。

1.1　单片机是什么样子

单片机是什么样子？单片机是一块集成电路芯片（IC 芯片），实物如图 1-1 所示。可以看出单片机外部有许多引脚，需要在引脚上加外围电路才能实现设备智能化。

单片机的形状根据其封装不同有好几种，比较常见的是双列直插封装（DIP）、方形封装、贴片封装（PLCC、QFP）。

图 1-1　单片机的实物图

✽ 1.2 单片机能够执行编写的程序

单片机的基本结构如图 1-2 所示。

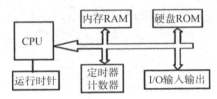

图 1-2　单片机结构框图

单片机是在一块芯片上集成了 CPU、RAM、ROM、定时/计数器、并行 I/O 接口、中断控制器和串行接口等部件，因此一块芯片就构成了一个基本的微型计算机系统，具有了执行程序的能力。单片机因此也称为微控制器（Micro-Controller Unit，简称 MCU）。

一台能够工作的计算机包括下面几个部分：CPU 、内存 、硬盘、I/O 口。在计算机上，这些硬件是独立的，并使用主板将它们连接起来。而对于单片机，这些部分被集成在一块集成电路芯片中。

下面是单片机结构与计算机结构的比较：

CPU：负责对数据进行计算，与计算机的 CPU 功能一样；

ROM：程序存储器，用于程序存储，相当于计算机的硬盘；

RAM：数据存储器，用于数据存储，相当于计算机的内存；

I/O 口：输入输出引脚，用于信息收集和输出。

小知识

对于个人计算机，上述这些器件被分成若干部分，安装在称为主板的印刷线路板上。而对于单片机，这些器件被组合到一块集成电路芯片中，所以就称为单片机。

51 单片机包含了微型计算机应该有的基本部件，因此它本身就是一个简单的微型计算系统。能够执行程序，因此具有智能处理能力。

单片机的作用就是通过执行编写的程序代码来控制外围电路工作。由于程序具有灵活性，所以用它设计控制电路很方便。

程序能够读取按键、传感器状态，结合单片机内部的定时器，可以控制电动机、加热棒、液晶等器件动作，实现了设备的智能化。生活中许多设备的智能控制部分是由单片机来实现，例如豆浆机、微波炉、电子血压计、自动洗衣机等。

✽ 1.3 单片机辉煌的 40 年

美国 Intel 公司在 1971 年推出了 4 位单片机 4004，1972 年推出了雏形 8 位单片机 8008，特别是在 1976 年推出 MCS-48 单片机，这个时期的单片机才是真正的 8 位单片微型计算机，并推向市场。它以体积小、功能全、价格低赢得了广泛的应用，为单片机的发展奠定了基础，成为单片机发展史上重要的里程碑。

在 MCS-48 的带领下，其后，各大半导体公司相继研制和发展了自己的单片机，如 Zilog 公司的 Z8671。到了 20 世纪 80 年代初，单片机已发展到了高性能阶段，像 Intel 公司的 MCS-51 系列，Motorola 公司的 6801 和 6802 系列，Rockwell 公司的 6501 及 6502 系列等，此外，日本著名电气公司 NEC 和 HITACHI 都相继开发了具有自己特色的专用单片机。

20 世纪 80 年代，世界各大公司均竞相研制出品种多功能强的单片机，约有几十个系列，300 多个品种。此时的单片机均属于真正的单片化，大多集成了 CPU、RAM、ROM、数目繁多的 I/O 接口、多种中断系统，甚至还有一些带 A/D 转换器的单片机，功能越来越强大，RAM 和 ROM 的容量也越来越大，寻址空间甚至可达 64kB。可以说，单片机发展到了一个全新阶段，应用领域更广泛，许多家用电器均走向利用单片机控制的智能化发展道路。

现在单片机的种类和型号很多，MCS-51 是 Intel 公司的一个单片机系列的总称。

Intel 公司将 MCS-51 的核心技术授权给了很多其他公司，现在已经有 50 多个芯片公司拿到版权生产 8051 内核的单片机。各个公司为了形成价格和技术的竞争力，附加了一些功能进行销售，比如 USB 接口、集成 AD/DA 转换器、片内 Flash 存储器、内部看门狗电路等功能。

小知识

51 系列单片机的核心都是基于 8031 内核，许多单片机是在该核心基础上进行了性能扩展或减少。如 AT89C51 把程序存储器放在内部，AT89S52 增加了 RAM，W77E58 改变了时钟时序。

例如，Philips 公司生产的 8XC552 系列单片机，对多个部分进行了增强：（1）多 1 个附加的 16 位定时计数器，并配有 4 个捕捉寄存器和比较寄存器；（2）增加 8 路 10 位片内 A/D 转换器；（3）增加 2 路 8 位分辨率的脉冲宽度调制解调器输出 PWM；（4）增加 1 个 8 位并行 I/O 口，1 个与 A/D 合用的输入口；（5）集成有 I²C 串行总线口；（6）增加内部监视定时器 WDT；（7）中断源是 15 个；（8）有 56 个特殊功能寄存器。

单片机的工作电压一般是 4～6V（有的是 3.3V），通常封装为 DIP40 或 PLCC44，工作频率最高 40MHz。有 4kB flash 程序存储器、256B 的数据存储器、2 个定时计数器、看门狗电路、ISP 编程。本教材以 STC89C51 单片机来完成一系列的实验。

小知识——现在的单片机能够进行千次以上编程

51 系列单片机都是以 51 内核为基础，51 系列的单片机都支持 51 内核最基本的功能。本教材只讲授 51 基本内核，程序可以移植到任何 51 系列的单片机上。

89C51 含有 4kB 的 EPROM，而 89C52 含有 8kB 的 Flash 程序存储器。8kB Flash 一般已经够用，通常无须外扩程序存储器。

Flash 程序存储器理论可写入次数为 1000 次以上，能满足我们学习的需要。

❋ 1.4　单片机的标号信息及封装形式

生产单片机的厂商很多，单片机的型号也多。在单片机上面有产品的标号，通过该标

号能知道单片机的基本信息。以 AT89S51-24PC 为例,其每部分的含义如下:

AT:前缀,表示芯片生产厂家,AT 为 ATMEL 公司生产的产品;

8:表示该芯片为 8051 内核芯片;

9:表示内部含 Flash E²PROM 存储器;

S:表示该芯片含有可串行下载功能的 Flash 存储器,即具有 ISP 可在线编程功能。89C51 中的“C”表示该器件为 CMOS 产品。还有如 89LV52 和 89LE58 中的“LV”和“LE”都表示该芯片为低电压产品(通常为 3.3V 电压供电);

5:固定不变,表示 51 内核的单片机;

1:表示该芯片内部程序存储空间的大小,“1”为 4kB,“2”为 8kB,“3”为 12kB,即该数乘上 4kB 就是该芯片内部的程序存储空间大小;

24:表示芯片的最高工作频率;

PC:表示芯片的封装形式和芯片的环境级别。

常见的单片机封装形式如下:

1. DIP (Dual In-line Package) 双列直插式封装

DIP 是指双列直插形式的封装。绝大多数中小规模的集成电路芯片采用这种封装形式,其引脚数一般不超过 100 个。如图 1-1 所示,采用 DIP 封装的 CPU 芯片有两排引脚,需要插入对应的芯片插座上,也可以直接插入电路板上进行焊接。

2. PLCC (Plastic Leaded Chip Carrier) 带引线的塑料芯片封装

PLCC 指带引线的塑料芯片形式的封装,是表面贴型封装形式之一,外形呈正方形,引脚从封装的四个侧面引出,呈丁字形,是塑料制品,外形尺寸比 DIP 封装小得多。该封装具有外形尺寸小、可靠性高的优点,适合用 SMT 表面安装技术的布线。

3. QFP (Quad Flat Package) 塑料方型扁平式封装和 PFP (Plastic Flat Package) 塑料扁平组件式封装

QFP 与 PFP 两者可统一为 PQFP (Plastic Quad Flat Package),QFP 封装的芯片引脚之间距离很小,引脚很细,一般大型或超大型集成电路采用这种封装形式。该形式封装的芯片必须采用 SMD(表面安装设备技术)将芯片与主板焊接起来。采用 SMD 安装的芯片不必在主板上打孔,一般在主板表面上有设计好的相应引脚的焊点。

❋ 1.5　为什么使用单片机

一块单片机芯片就是一台微型计算机,其优点可以归纳为以下几个方面:

1. 具有优异的性价比

高性能、低价格是单片机最显著的特点。为了提高速度和执行效率,有些单片机采用了 RISC 流水线和 DSP 的设计技术,使单片机的性能明显优于同类型微处理器,单片机内存 RAM/ROM 的存储和寻址能力都有很大突破。另外,单片机用量大、范围广、通用性好,各生产公司都在提高性能的同时能够进一步降低价格。单片机的单片价格一般在 3~15 元。

2. 集成度高、体积小、重量轻、可靠性高

单片机是尽可能把工程应用所需要的各种功能部件都集成在一块芯片内，单片机体积很小。内部采用总线相互联结，大大提高了单片机的可靠性和抗干扰能力。另外，其体积小、重量轻，对于强磁场环境易于采取屏蔽措施，适合在恶劣环境下工作。

3. 控制功能强

单片机体积虽小，但"五脏俱全"，它非常适用于工业的控制工程。为了满足工业控制要求，单片机的指令系统中有很丰富的转移指令、逻辑操作指令以及位处理指令。单片机的逻辑控制功能及运行速度均高于同一档次的微型计算机。

4. 低电压、低功耗

单片机大量用于便携式产品和家用消费类产品，低电压、低功耗特性尤为重要。许多单片机已可以在 2.2V 下运行，有的已能在 1.2V 或 0.9V 下工作，一粒纽扣电池就可以使之长期工作。

单片机的独特优点使其得到了迅速推广应用。目前，已成为测量控制应用系统中的优选机种和新电子产品的关键部件。世界各大电气厂商、测控技术企业、机电行业，竞相把单片机用于产品更新，作为实现数字化、智能化的核心部件。随着单片机性能的提高和功能的增强，现已广泛应用于家用电器、机电产品、办公自动化产品、机器人、儿童玩具、航天器等领域。

❄ 1.6　单片机加上外围电路形成控制系统

单片机可以实现什么功能？主要应用在哪些领域？

单片机是一种控制芯片，加上电源、传感器、液晶、电机驱动等外围应用电路就成了单片机控制系统。在控制系统中，单片机用来完成开关量和模拟量的采集，再计算和处理，然后输出控制信号来控制设备，如图 1-3 所示。

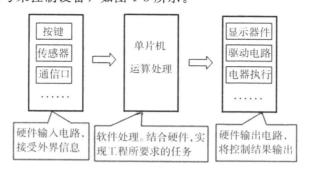

图 1-3　单片机控制系统的组成

单片机应用系统是以单片机为核心，加上输入、输出、显示、控制等外围电路，能实现某种功能的系统。单片机应用系统是由硬件部分和软件部分组成，硬件是应用系统的基础，软件是在硬件的基础上使用编程语言对数据进行输入、输出操作，两者结合完成应用系统所要求的任务，二者相互依赖、缺一不可。

单片机系统的核心是软件

使用单片机对目标设备进行控制是我们学习单片机的目的。

单片机系统包括硬件部分和软件部分。一个单片机系统除了必要的硬件支撑外，还需要软件支持。软件就是指挥控制系统协调工作的程序。

单片机广泛应用在仪器仪表、家用电器、医用设备、航空航天、专用设备的智能化管理及过程控制等领域，大致可分为如下几个方面：

1. 智能仪器

单片机具有体积小、功耗低、控制功能强、扩展灵活、微型化和使用方便等优点，广泛应用于仪器仪表中，结合不同类型的传感器，可实现诸如电压、电流、功率、频率、湿度、温度、流量、速度、厚度、角度、长度、硬度、元素、压力等物理量的测量。采用单片机控制使得仪器仪表数字化、智能化、微型化，且功能比起采用电子或数字电路更加强大。例如精密的测量设备（电压表、功率计、示波器和各种分析仪）。

用单片机可以构成形式多样的控制系统、数据采集系统、通信系统、信号检测系统、无线感知系统、测控系统、机器人等应用控制系统。例如，工厂流水线的智能化管理，电梯智能化控制，各种报警系统，与计算机联网构成二级控制系统等。

2. 家用电器

现在的家用电器广泛采用了单片机控制，从电饭煲、洗衣机、电冰箱、空调机、彩电、音响视频器材，再到电子称量设备和白色家电等。

3. 网络和通信

现代的单片机普遍具备通信接口，可以很方便地与计算机进行数据通信，为在计算机网络和通信设备间的应用提供了极好的物质条件。现在的通信设备基本上都实现了单片机智能控制，从手机、电话机、小型程控交换机、楼宇自动通信呼叫系统、列车无线通信，再到日常工作中随处可见的移动电话、集群移动通信、无线电对讲机等。

4. 医用设备领域

单片机在医用设备中的用途也相当广泛，例如医用呼吸机、各种分析仪、监护仪、超声诊断设备及病床呼叫系统等。

5. 模块化系统

某些专用单片机设计用于实现特定功能，从而在各种电路中进行模块化应用，而不要求使用人员了解其内部结构。如音乐集成单片机，看似简单的功能，微缩在纯电子芯片中（有别于磁带机的原理），就需要复杂的类似于计算机的原理。音乐信号以数字的形式存于存储器中（类似于 ROM），由微控制器读出，转化为模拟音乐电信号（类似于声卡）。

在大型电路中，这种模块化应用极大地缩小了体积，简化了电路，降低了损坏、错误率，也方便更换。

6. 汽车电子

单片机在汽车电子中的应用非常广泛，例如汽车中的发动机控制器，基于 CAN 总线的汽车发动机智能电子控制器、GPS 导航系统、ABS 防抱死系统、制动系统、胎压检测等。

此外，单片机在工商、金融、科研、教育、电力、通信、物流和国防航空航天等领域都有着十分广泛的用途。

单片机改变了我们什么？

单片机为我们改变了什么？纵观我们现在生活的各个领域，从导弹的导航装置，到飞机上各种仪表的控制，从计算机的网络通信与数据传输，到工业自动化过程的实时控制和数据处理，以及我们生活中广泛使用的各种智能 IC 卡、电子宠物等，这些都离不开单片机。以前没有单片机时，这些设备也能实现，不过是使用复杂的模拟电路，但是这种模拟电路的产品不仅体积大、成本高，并且由于长期使用，元器件不断老化，控制的精度自然也会达不到标准。使用单片机后，将控制变为智能化了，我们只需要在单片机外围接一些简单的接口电路，按照操作过程编写程序。这样产品的体积变小、成本降低，长期使用精度不会下降。所以不仅是现在，在将来将会有更多的产品使用单片机。

❋ 1.7　选择学习 51 系列单片机的原因

51 系列单片机的 CPU 是 8 位处理器，其处理速度不高、结构简单。而现在的单片机种类层出不穷，功能也越来越强，好像 51 系列的单片机已经不符合现在的发展需求了，为什么还要学 51 单片机？

实际的控制工程中，并不是任何需要控制的场合都要求使用高性能的计算机系统，关键是看 CPU 是否能够满足控制要求。对于大部分的智能控制系统，51 单片机能够满足控制系统的功能需求，所以 51 单片机推出四十多年，依然没有被淘汰，并且还在不断地发展中。51 单片机有价格优势和丰富的开发资源，使 51 单片机成为单片机的主流机型。8 位的 51 单片机在以后很长的一段时间内还有存在的空间。

单片机具有很好的性价比。单片机集成了这么多器件，价格从几元到几十元不等。51 单片机的体积小，引脚从 4 个到 60 多个。

另外，如果熟悉 51 单片机的编程，以后使用其他型号的单片机，只需要一个了解及熟悉的过程。因为 51 系列单片机是一个通用的单片机，其内部的结构、工作原理、编程语言和其他的单片机都是相通的。

❋ 1.8　单片机系统的开发过程

通常开发一个单片机系统可按以下 6 个步骤进行：

（1）明确系统设计任务，完成单片机及其外围电路的选型工作。进行应用系统设计时，应先进行需求分析，根据应用需要确定系统规模，然后选择单片机型号、存储器的容量以及外接口芯片的型号。

（2）设计系统原理图和 PCB 板，经仔细检查 PCB 板后送工厂制作。常用的设计软件为 Protel99。在 Protel 下先设计原理图，然后转换为 PCB 图。根据 PCB 图由 PCB 生产厂家加工为 PCB 板。

（3）完成器件的安装焊接。将元器件焊接在 PCB 板上形成应用系统的目标板，设计人员要对目标板电路进行调试与测试，保证硬件电路正确。

（4）根据硬件设计和系统要求编写应用程序。

（5）在线调试软硬件。

（6）使用编程器编写单片机应用程序，独立运行单片机系统。

❋ 1.9 如何学习好单片机

很多单片机初学者问怎样才能学好单片机，作者结合自己多年的经验说明一下。

（1）单片机的选型。现在用得比较多的是 51 系列单片机，内部结构简单，资料也比较全，非常适合初学者学习，所以建议将 51 单片机作为入门级的芯片。以后可以学习 PIC 系列、AVR 系列的单片机。

（2）学习单片机需要实际的开发板。单片机系统属于软硬件结合的东西，需要连接许多外围器件（传感器、液晶、电动机等）。如果只看教材，使用单片机的仿真软件来学习单片机，是不可能学好单片机的。只有把硬件设备摆出来，亲自焊接外围器件，亲自编程操作这些硬件，才会有深刻的体会，才能理解单片机的功能。

单片机对书本上的知识要求不多，以后各章会详细说明，学习单片机又是非常重视动手实践的。关于实践器材，有两种方法可以选择。

方法一：购买一块单片机的学习板，不要求那种价格高、功能特别全的（120 元左右）。对于初学者来说，建议有流水灯、数码管、独立键盘、矩阵键盘、A/D 和 D/A、液晶、蜂鸣器、I^2C 总线、温度传感器等器件。如果上面提到的这些功能都能熟练应用，可以说对单片机的操作已经入门了，剩下的就是练习设计外围电路，不断地积累经验。

方法二：自己购买元器件及编程器，焊接简单的最小系统板。对于初学者来说，如果焊接成功，对硬件就会有更彻底的了解。

有了单片机学习板之后就要多练习，按照教材指定的顺序进行练习。

（3）学习单片机时，软件和硬件哪个是基础？本人认为软件是学好单片机的基础。单片机的硬件是固定的，如驱动三相电动机、温度传感器、变频器、液晶显示、串行通信等。这些硬件如何与单片机连接以及单片机如何发出控制信号操作硬件，互联网上都能找到详细的资料，我们按照上面连接即可。而如何编程组织这些硬件的工作过程是由工程现场决定的。如何组织程序，并使硬件按照我们的要求进行工作，这是单片机工程的大部分工作。具体的软件知识需要下面几个方面：①系统分析，即分析系统控制的总体功能；②控制思路，即设计如何使用单片机中断定时器、串口通信等单片机资源来操作外围器件；③绘制流程图，根据控制思路绘制出主流程图、中断流程图；④编辑 C 语言代码。

上面的软件知识是计算机专业的专业课程，因此计算机专业学习单片机更有优势。许多高校将嵌入式专业归类到软件学院，如北京航空航天大学、北京理工大学。

（4）学习单片机开发是很枯燥的，需要有信心、恒心，需要能坚持到底的精神。成为单片机高手的步骤如下：①看书大概了解一下单片机结构；②用学习板练习编写程序，学习单片机主要就是练习编写程序，遇到不会的再查书或资料；③自己在网上找些小电路类的资料，练习设计外围电路，焊好后自己调试，熟悉过程；④自己独立设计具有个人风格的电路、产品等。

❋ 1.10　实验硬件准备

1. 单片机硬件的特点适合使用"积木块"学习方法

单片机是一块集成块芯片，通过 I/O 口与外部器件进行联系。实际工程中，根据操作要求加上外围电路，如液晶、数码管、温度传感器、按键、电机驱动等。单片机对这些器件的程序是固定的（只需要把别的例程修改引脚定义），因此可以将这些器件分成许多单元，每个单元是一个"积木块"，方便学生理解单片机编程。"单片机最小系统板"是一个"积木块"，其他实验单元分别设计成不同功能的"积木块"。自己动手将"积木块"与单片机连接，或设计新的实验题目，可以增加学习者对单片机系统电路的熟悉。

2. "积木块"学习方法需要准备的硬件

"积木块"学习方法需要准备的硬件如图 1-4 所示。

（1）51 单片机最小系统板。提供了单片机正常运行所需的最小外围电路。包括单片机、电源、复位电路、振荡电路等。单片机全部 I/O 口通过排针引出，实验时将元器件引脚通过杜邦线与单片机连接。其中的晶振可以自由更换。

（2）实验模块。能够完成单片机的一个实验，如流水灯、数码管等模块，引脚通过排针引出。

（3）锁紧座转排针板。使用 DIP28IC 锁紧座。将芯片放入锁紧座，锁紧 IC 座后，IC 芯片的引脚被锁紧座对应地引出到外面的排针上。这样可以使用杜邦线，将芯片引脚通过 IC 锁紧座与单片机连接，如 ADC0832 芯片实验等。

（4）杜邦线。元器件之间的连接线可以非常牢靠地和插针连接，无需焊接。

（5）编程线。可以将程序下载到单片机。推荐使用 STC 系列的单片机实验。STC 系列单片机支持 ISP 功能（在系统可编程），无须专用编程器，可通过串口（P3.0/P3.1）直接下载用户程序。

（6）实验元器件或芯片。有的元器件可以焊接排针（如液晶模块），有的元器件可以通过 IC 锁紧座将引脚引出到外面的排针上（如 ADC0832 芯片）。

对于初学习者，学习使用的硬件电路已经准备好，只需要根据例程学习软件。但实际学习中，只有自己亲自去连线、亲自去调试才能明白其中的奥妙。强烈建议初学者自己焊接硬件电路，参考教材例程自己编写代码。

（a）最小系统板　（b）实验模块　（c）锁紧座转排针板

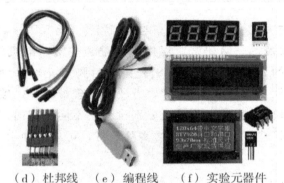

（d）杜邦线　（e）编程线　（f）实验元器件

图 1-4　学习单片机需要准备的硬件

【习　题】

1. 什么是单片机？
2. 简述单片机的功能及应用。
3. 比较计算机与单片机结构的共同点？
4. 说出单片机系统的开发过程。
5. 说明单片机开发时需要的硬件工具、软件开发环境。
6. 列出生活中单片机能够实现的控制系统。

第2章 单片机内部结构及最小系统

![本章要点]

- 掌握 51 单片机的内部组成及各部分功能
- 掌握 51 单片机的引脚功能
- 理解 51 单片机的存储器结构
- 理解 51 单片机的时钟电路与复位电路
- 掌握 51 单片机最小系统的构建方法

51 系列单片机的产品主要区别在于存储器容量大小、有无 ROM、定时器/计数器和中断源的数目以及制造工艺等方面，它们的内部结构及引脚完全相同。本章以 STC89C51 为例介绍 51 单片机的硬件结构、性能、工作原理等。

✤ 2.1 51 单片机引脚定义及功能

以 DIP40 封装的单片机为例，单片机有 40 个引脚，如图 2-1 所示。从正面看，器件一端有一个半圆缺口，这是单片机正方向的标志。

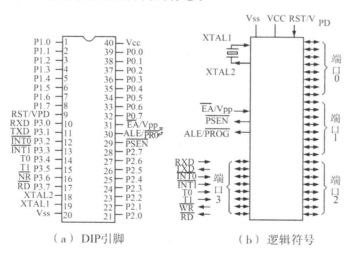

（a）DIP引脚　　　　　（b）逻辑符号

图 2-1　51 单片机的引脚排列

小知识

1. 图 2-1 是 DIP40 封装，单片机还有 PLCC44、TQFP44 封装。

2. 虽然基于 51 内核的单片机的引脚数数目、封装形式都不一定相同，但它们的引脚功能是相同的。其中用得较多的是 40 脚 DIP 封装的 51 单片机，也有 20，28，32，44 等不同引脚数的 51 单片机。注意不要认为只有 40 脚的 DIP 封装芯片才是 51 单片机。

3. 无论哪种 IC 芯片，它的表面有表示第一引脚序号的标识。标识可能是凹进去的小圆坑、用颜色标识的一个小标记（"△""O"或"U"标记等）、半圆缺口等，标记所对应的引脚就是这个芯片的第 1 引脚，然后逆时针方向数下去就是每个引脚的序号。识别第一引脚并且防止单片机接反，DIP40 封装的单片机接反后会使单片机发热并损坏单片机。

单片机的 40 个引脚按功能可分为 4 类：I/O 端口、电源、时钟、控制，功能描述如下：

1. 主电源引脚（2 根）

VCC（Pin40）：电源输入，接＋5V 电源。

GND（Pin20）：接地线。

重要提示

在制作单片机系统时，电源和地一定要分清楚，一般电源正极用红色的导线，GND 使用黑色的导线。电源正负极接反，会造成芯片的发热并损坏。

2. 外接晶振引脚（2 根）

XTAL1（Pin19）：片内振荡电路的输入端；

XTAL2（Pin18）：片内振荡电路的输出端。

3. 控制引脚（4 根）

RST/VPD（Pin9）：复位引脚。RST 是复位信号输入端，VPD 是备用电源输入端。当输入的信号连续 2 个机器周期以上高电平时即为有效，用以完成单片机的复位初始化操作，当复位后程序计数器 PC＝0000H，即复位后将从程序存储器的 0000H 单元读取第一条指令码。

ALE/PROG（Pin30）：地址锁存允许信号；

PSEN（Pin29）：外部存储器读选通信号；

$\overline{EA}$/Vpp（Pin31）：程序存储器的内外部选通。外部程序存储器地址允许/固化编程电压输入端。当 $\overline{EA}$ 为低电平时，CPU 直接访问外部 ROM；当 $\overline{EA}$ 为高电平时，则 CPU 先对内部 0～4kB ROM 访问，然后自动延至外部超过 4kB 的 ROM。AT89S51 使用内部程序储存器时需要将该引脚接到高电平。

小经验

1. 由于现在一般不扩展 ROM、RAM，所以一般情况下不使用 $\overline{PSEN}$、ALE 引脚。

2. 对于控制引脚，如 RST、$\overline{PSEN}$、ALE、$\overline{EA}$/Vpp 了解即可。

4. 可编程的输入/输出引脚（32 根）

89C51 单片机有 4 组 8 位的可编程 I/O 口，分别位 P0、P1、P2、P3 口，每个口有 8 位（8 个引脚），共 32 根。每一根引脚都可以编程，用来控制电动机、交通灯、霓虹灯等。

P0 口（Pin39～Pin32）：8 位双向 I/O 口线，名称为 P0.0～P0.7

P1 口（Pin1～Pin8）：8 位准双向 I/O 口线，名称为 P1.0～P1.7

P2 口（Pin21～Pin28）：8 位准双向 I/O 口线，名称为 P2.0～P2.7

P3 口（Pin10～Pin17）：8 位准双向 I/O 口线，名称为 P3.0～P3.7

小知识

开发产品时就是利用 P0～P3 这些可编程引脚来实现我们想要的功能。

双向口与准双向口的区别主要是：准双向 I/O 口操作时做数据输入时需要对其置 1，否则若前一位为低电平，后一位输入的电平为高，则 MOS 管拉不起来导致出错。而双向口则不需要做此动作，因为双向口有悬浮态。

准双向口就是做输入用的时候要有向锁存器写 1 的这个准备动作，所以叫准双向口。

准双向一般只能用于数字输入输出，输入时为弱上拉状态（约 50k 上拉），端口只有两种状态：高或低。

❋ 2.2　单片机引脚的内部简化电路及驱动能力

1. P0 口的组成与功能

P0 口的一位结构如图 2-2 所示。它包含两个输入缓冲器、一个输出锁存器以及输出驱动电路、输出控制电路。输出驱动电路由两只场效应管 V1 和 V2 组成，其工作状态受输出控制电路的控制。输出控制电路包括与门、反相器和多路模拟开关 MUX。

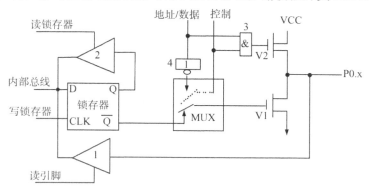

图 2-2　P0 口的一位结构

P0 输出级为开漏输出电路。此时引脚的输出相当于一个接地的开关，当开关闭合时输出低电平，有电流驱动能力；当开关断开时输出为高阻。如果要输出高电平，通过接上拉电阻来把电平拉高。

2.P1～P3 口组成与功能

P1～P3 口只用作通用 I/O 口，其一位结构图如图 2-3 所示。与 P0 口相比，P1 口的一位结构图中少了地址/数据的传送电路和多路开关，上面一只 MOS 管改为上拉电阻。

P1 口作为一般 I/O 的功能和使用方法与 P0 口相似。当输入数据时，应先向端口写"1"。它也有读引脚和读锁存器两种方式。所不同的是当输出数据时，由于内部有了上拉电阻，所以不需要再外接上拉电阻。

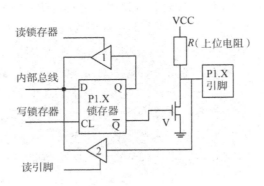

图 2-3　P1～P3 口的一位结构

3.P3 口组成与功能

P3 口能作通用 I/O 口，同时每一引脚还有第二功能。

P3 口的第二功能描述如表 2-1 所示。

表 2-1　P3 口的第二功能

引脚	兼用功能	使 P3 端口处于第二功能的条件
P3.0	串行通信输入（RXD）	串行 I/O 处于运行状态（RXD，TXD）
P3.1	串行通信输出（TXD）	串行 I/O 处于运行状态（RXD，TXD）
P3.2	外部中断 0（$\overline{\text{INT0}}$）	打开了外部中断 $\overline{\text{INT0}}$
P3.3	外部中断 1（$\overline{\text{INT1}}$）	打开了外部中断 $\overline{\text{INT1}}$
P3.4	定时器 0 输入（T0）	T0 处于外部计数状态
P3.5	定时器 1 输入（T1）	T1 处于外部计数状态
P3.6	外部数据存储器写选通 $\overline{\text{WR}}$	执行写外部 RAM 的指令
P3.7	外部数据存储器读选通 $\overline{\text{RD}}$	执行读外部 RAM 的指令

P3 端口的第二功能信号都是单片机的重要控制信号。如果不设定 P3 端口各位的第二功能，则 P3 端口自动处于第一功能状态（即静态 I/O 端口的工作状态）。在实际应用中，先按需要选用第二功能信号，剩下的才作为数据的输入输出引脚使用。

小提示

一般情况下，单片机的I/O口只能处理数字信号，即只能处理0、1两种状态。如果需要处理模拟信号，需要A/D转换芯片进行处理。

单片机编程是对32个I/O引脚进行编程，是控制单片机的各个引脚在不同时间输出不同的逻辑电平（高电平或低电平），进而控制与单片机各个引脚相连接的外围电路的电气状态。

由于P0口没有上拉电阻，所以一般情况下设计电路板时为P0口加上上拉电阻。

4．单片机I/O端口的负载能力

（1）P0口的每一位输出可驱动8个TTL负载。当把它作通用I/O口输出使用时，输出极是开漏电路，当它驱动拉电流负载时，需要外接上拉电阻才有高电平输出。

（2）P1～P3口的输出级均接有内部上拉电阻，他们的每一位的输出均可以驱动4个TTL负载。当P1和P3口作输入时，任何TTL或HMOS电路都能以正常的方法驱动这些口。

（3）P1～P3口的输入端都可以被集电极开路或漏极开路电路所驱动，而无需再外接上拉电阻。

（4）单片机的端口输出能力只能提供几毫安的输出电流，当作为输出口去驱动负载时，应考虑电平和电流的匹配，使用时应考虑是否加驱动芯片。

❀ 2.3　51单片机的内部结构

51单片机内部结构框图如图2-4所示。

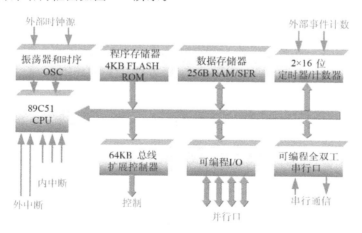

图 2-4　89C51单片机的内部结构框图

单片机内部主要部件的功能描述如表2-2所示。

表 2-2　51 单片机内部主要部件的功能描述

部件	功能描述
中央处理器（CPU）	是单片机的核心部件，完成各种运算和控制操作。51 单片机的 CPU 能处理 8 位二进制数和代码，编程时不必关心（都是 51 内核的 CPU）
数据存储器（RAM）	51 单片机有 256 个字节的 RAM 单元，其中后 128 单元被专用寄存器占用，能作为寄存器供用户使用的只是前 128 单元，用于存放可读写的数据
程序存储器（ROM）	有 4kB 字节的 ROM（52 系列为 8kB），用于存放程序，断电后存储内容不会丢失。购买单片机时，购买容量够用的
定时器/计数器	单片机片内有两个 16 位的定时器/计数器，即 T0 和 T1，可以实现定时或计数功能。用于定时控制以及对外部事件的计数等
并行 I/O 端口	有 4 个 8 位的 I/O 口（P0，P1，P2 和 P3），每一条 I/O 线能够独立地用作输入或输出。P0 口为三态双向口。P1、P2 和 P3 口为准双向口，有内部上拉电阻
可编程串行口	一个可编程的全双工的串行口，以实现单片机和其他设备之间的串行数据传送。该串行口功能较强，既可作为全双工异步通信收发器使用，也可作为移位器使用
中断系统	51 单片机有 5 个中断源，即 2 个外部中断、2 个定时器/计数器中断、1 个串行通信中断

❋ 2.4　单片机最小系统电路

对于 89CS51 单片机，要执行用户程序，必须满足下面要求才能正常工作：①5V 电源；②时钟电路；③复位电路；④$\overline{EA}$ 管脚接到正电源端，以使用单片机内部程序存储器。

单片机电路满足上面的要求，是能够让单片机工作的最小硬件电路，称单片机的最小系统，如图 2-5 所示。下面分别介绍单片机最小系统的各部分。

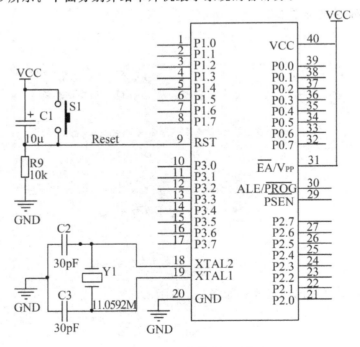

图 2-5　单片机的最小系统电路

小提示

　　单片机的最小系统是能够让单片机运行的最基本电路。在实际工程中该基本电路是固定的，对我们来说没必要更深入地研究，只需要按照电路将电子元器件安装到电路中即可。

　　一个单片机实现的应用系统，在硬件系统设计上包括两个层次的任务：①单片机最小系统；②根据控制系统的要求，为单片机系统配置的各种外围接口电路。

　　根据控制工程的要求，需要再安装其他需要的元器件（如液晶、按键、传感器、继电器等）。单片机最小系统电路剩下 32 个 I/O 引脚，单片机控制系统是在该 32 个 I/O 引脚上添加其他元器件，我们编程也是对该 32 个引脚上的元器件进行编程。

❈ 2.5　时钟电路——推动单片机硬件电路动起来

　　为了保证各部件间的同步工作，单片机内部电路应在时钟信号下严格地按时序进行工作。定时控制部件的功能是在规定的时刻发出各种操作所需的所有内部和外部的控制信号，使各功能元件协调工作，完成指令所规定的功能。主要任务是产生一个工作时序。其工作需要时钟电路提供一个工作频率。

　　下面是常见的两种时钟产生方式：

　　（1）单片机的内部时钟方式。电路如图 2-6（a）所示，是最常用的时钟方式。51 单片机内部有一个用于构成振荡器的高增益反相放大器，引脚 XTAL1 和 XTAL2 分别是此放大器的输入和输出端。只需在单片机的 XTAL1 和 XTAL2 引脚端接上晶振，就构成了稳定的时钟电路。

小知识

　　晶体振荡器，简称晶振。晶振的振荡频率越高，单片机的运行速度也就越快。通常情况下，晶振的振荡频率为 1～12MHz。单片机如果使用了串口的功能，一般使用 11.0592 MHz 的晶振，这样可以实现波特率无误差的通信。晶振电容一般选择为 30pF 左右，这两个电容对频率有微调的作用。

　　（2）单片机的外部时钟方式。电路如图 2-6（b）所示，此方式是利用外部振荡脉冲接入 XTAL1 或 XTAL2，单片机的外时钟信号由 XTAL1 引脚输入。

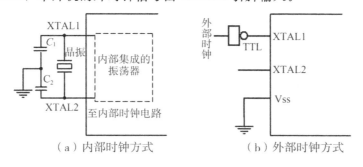

（a）内部时钟方式　　　　　　　（b）外部时钟方式

图 2-6　单片机时钟产生方式

　　（3）时钟周期、机器周期、指令周期。CPU 执行指令的动作都是在定时控制部件控制下，按照一定的时序一拍一拍进行工作的。指令字节数不同，操作数的寻址方式也不相同，故执行不同指令所需的时间差异也较大，工作时序也有区别。为了便于说明，通常按指令的执行过程将时序化为几种周期，从小到大依次是：时钟周期、状态周期、机器周期和指令周期。

①时钟周期。时钟周期也称为振荡周期，一般认为是晶振脉冲的振荡周期。振荡周期是单片机中最基本的时间单位，是为单片机提供时钟脉冲信号的振荡源的周期（晶振周期或外加振荡源周期）。在一个时钟周期内，CPU 仅完成一个最基本的动作。

②状态周期。单片机把一个振荡周期定义为一个节拍 P，两个节拍定义为一个状态周期。

③机器周期。单片机把执行一条指令过程划分为若干个阶段，每一阶段完成一项规定操作，完成某一个规定操作所需的时间称为一个机器周期。例如取指令、存储器读、存储器写等。一般情况下，一个机器周期由若干个状态周期组成。单片机采用定时控制方式，有固定的机器周期，由 12 个时钟周期组成，即一个机器周期等于 6 个状态周期等于 12 个时钟周期。在一个机器周期内，CPU 可以完成一个独立的操作。

④指令周期。完成一条指令所需要的时间称为指令周期。MCS-51 的指令周期含1～4 个机器周期不等，其中多数为单周期指令，还有 2 周期和 4 周期指令。4 周期指令只有乘、除两条指令。

时钟周期、机器周期、指令周期之间的关系如图 2-7 所示。

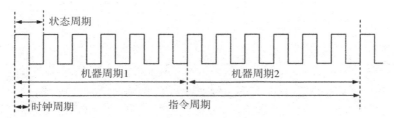

图 2-7　时钟周期、状态周期、机器周期、指令周期之间的关系

小知识——根据晶振频率计算机器周期

晶振的频率有很多，上面都有标记，如 4MHz。

12MHz 的晶振，它的时钟周期就是 $1/12\mu s$，机器周期是 $1\mu s$，双指令周期是 $2\mu s$。

❀ 2.6　复位电路——让程序从第一行开始执行

复位的功能：复位是单片机的初始化操作。复位后使单片机从程序存储器的第一个单元取指令并执行，单片机的所有引脚输出逻辑"1"。

复位的条件：当单片机的复位引脚出现 2 个机器周期以上的高电平时，单片机就执行复位操作。如果复位引脚处持续为高电平，单片机就处于循环复位状态。单片机自身是不能自动进行复位的，必须配合相应的外部电路才能实现。复位操作通常有两种基本形式：

上电复位和按键复位。

　　复位的电路：图 2-8(a)是常用的上电复位电路。接通电源后，图中的电容和电阻对电源＋5V 构成微分电路，即上电瞬间 RST 端的电位与 VCC 相同，随着充电电流的减少，RST 的电位逐渐下降。该电路上电后能够使 RST 引脚端保持一段高电平时间，完成上电复位的操作。图 2-8（b）是常用的按键复位电路。当单片机正在运行中时，按下复位键一段时间后电容被放电。松开按键后，与上电复位电路相同，使单片机实现复位的操作。

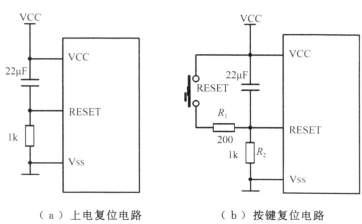

（a）上电复位电路　　　　　（b）按键复位电路

图 2-8　复位电路

小知识——什么是复位

　　如果计算机系统死机了，我们会按计算机的复位开关，使计算机重新启动，计算机的一切程序重新开始。通俗地讲，单片机的复位就是让单片机从头开始执行程序，从 main（）主函数的第一行语句开始执行程序。

❋ 2.7　单片机存储结构及寄存器

　　51 单片机采用哈佛结构体系，其程序存储器 ROM 和数据存储器 RAM 是分开的。ROM 是程序存储器，用来存放程序和表格常数，通俗地讲就是编的程序存放的位置。RAM 是数据存储器，通常用来存放程序运行所需要的给定参数和运行结果，通俗地讲就是 C 语言中定义变量的存储位置。

　　51 单片机有 4kB 的程序存储器，256B 的数据存储器。如果不够用，可以进行扩展。单片机的地址总线的宽度是 16 位，因此 RAM 和 ROM 存储器的最大访问空间分别为 64kB。

　　对于内部有 ROM 的单片机，在正常运行时，需要把 $\overline{EA}$ 引脚接高电平，使程序从内部 ROM 开始执行。

小提示——单片机存储器容量不够用怎么办？

储器容量不够，过去经常是在单片机外面增加并口的存储器芯片，许多单片机教材就是这样讲的，这样电路板设计很复杂。现在的实际工程中可以选择自带大容量的单片机，这样可以简化电路板设计，增加系统的稳定性。

例如，宏晶科技推出的 STC12C5A60AD 单片机，完全兼容 51 系列单片机（可用 Keil C 开发环境进行开发），有 60kB 节的内部可编程 Flash、1280B 的内部 SRAM、8 路 10 位 ADC 及内部 EEPROM。ATMEL 公司的 AVR 8 位单片机 ATmega128，有 128kB 的内部可编程 Flash、4kB 的内部 SRAM、4kB 的 EEPROM、8 路 10 位 ADC、两个可编程的串行 USART。

单片机的内部数据存储器在物理上和逻辑上都分为两个地址空间，即数据存储器空间（低 128 单元）和特殊功能寄存器空间（高 128 单元）。

1. 内部数据存储器低 128 单元（DATA 区）

片内 RAM 的低 128 个单元用于存放程序执行过程中的各种变量和临时数据，称为 DATA 区。从用户角度而言，低 128 单元才是真正的数据存储器。表 2-3 给出了低 128 单元的配置情况。

表 2-3　片内 RAM 低 128 单元的配置

区域	地址	功能
工作寄存器区	00H～07H	第 0 组工作寄存器（R0～R7）
	08H～0FH	第 1 组工作寄存器（R0～R7）
	10H～17H	第 2 组工作寄存器（R0～R7）
	18H～1FH	第 3 组工作寄存器（R0～R7）
位寻址区	20H～2FH	位寻址区，位地址为：00H～7FH
用户 RAM 区	30H～7FH	用户数据缓冲区

（1）工作寄存器区。内部数据存储器低 128 单元的前 32 个单元，作为工作寄存器使用，分为 4 组，每组由 8 个通用寄存器（R0～R7）组成，组号依次为 0，1，2 和 3。通过对程序状态字中 RS1 和 RS0 的设置，可以决定选用哪一组工作寄存器。

小提示

在单片机的 C 语言程序设计中，一般不会直接使用工作寄存器组 R0～R7。但是在 C 语言与汇编语言的混合编程中，工作寄存器是汇编语言子程序和 C 语言函数之间的重要传递工具。

（2）位寻址区。在工作寄存器后的 16 个数据单元，它们既可以作为一般的数据单元使用，由可以按位对每个单元进行操作，因此这 16 个数据单元又称作位寻址区，共计128 位。

（3）用户 RAM 区。在内部 RAM 的低 128 个单元中，剩余的 80 个数据单元为真正的用户 RAM 区，对于这些区域，用户只能以存储单元的形式来使用。

　　2. 内部数据存储器高 128 单元

　　内部数据存储器的高 128 个单元是为专用寄存器提供的，因此该区也称作特殊功能寄存器区（SFR），主要用于存放控制命令、状态或数据。除去程序计数器 PC 外，还有 21 个特殊功能寄存器，其中有 11 个特殊功能寄存器具有位寻址能力。特殊功能寄存器及其功能如表 2-4 所示（＊表示重要）。

表 2-4　特殊功能寄存器及其功能

	符号	功能介绍
	B	B 寄存器
	ACC	累加器
	PSW	程序状态字
＊	IP	中断优先级控制寄存器
＊	P3	P3 口锁存器
＊	IE	中断允许控制寄存器
＊	P2	P2 口锁存器
＊	SBUF	串行口锁存器
＊	SCON	串行口控制寄存器
＊	P1	P1 口锁存器
＊	TH1	定时器/计数器 1（高 8 位）
＊	TH0	定时器/计数器 1（低 8 位）
＊	TL1	定时器/计数器 0（高 8 位）
＊	TL0	定时器/计数器 0（低 8 位）
＊	TMOD	定时器/计数器方式控制寄存器
＊	TCON	定时器/计数器控制寄存器
	DPH	数据地址指针（高 8 位）
	DPL	数据地址指针（低 8 位）
	SP	堆栈指针
＊	P0	P0 口锁存器
＊	PCON	电源控制寄存器

小提示

　　记住有"＊"标记的特殊功能寄存器的名字，以后对单片机的硬件编程会用到。这些名字将单片机的硬件与 C 语言联系起来，在单片机的 C 语言编程中可以直接使用。

单片机的复位操作后，特殊功能各寄存器的值如表 2-5 所示。

表 2-5　单片机复位后特殊功能寄存的值

寄存器	内容	寄存器	内容	寄存器	内容
PC	0000H	IE	0xx00000B	TH2	00H
ACC	00H	TMOD	00H	TL2	00H
B	00H	TCON	00H	RLDH	00H
PSW	00H	T2CON	00H	RLDH	00H
SP	07H	TH0	00H	SCON	00H
DPTR	0000H	TL0	00H	SBUF	不定
P0～P3	FFH	TH1	00H	PCON	0xxx0000
IP	xxx00000B	TL1	00H	x表示任意状态	

单片机复位时，不产生 ALE 和 $\overline{PSEN}$ 信号，即 ALE＝1 和 $\overline{PSEN}$。这表明单片机复位期间不会有任何取指操作。片内 RAM 不受复位的影响。

P0～P3＝FFH，表明已向各端口线写入 1，此时，各端口既可用于输入又可用于输出；

IP＝xxx00000B，表明各个中断源处于低优先级；

IE＝0xx00000B，表明各个中断均被关断。

小经验

　　记住一些特殊功能寄存器复位后的主要状态，能够了解单片机的初态，可以减少应用程序中的初始化代码。

3. 程序存储器

在 51 系列单片机中，片内有 4kB 字节程序存储器，被用来存放程序。

小提示

　　使用 C 语言开发时，开发环境可以自动处理上述入口单元和程序的存放地址，用户可不必理会。只需了解程序存储器的结构就可以了。

❋ 2.8　单片机的工作过程

单片机的工作过程实际上是执行程序语句的过程，而执行程序语句的过程又是执行一系列指令的过程，执行指令又是一个取指令、分析指令和执行指令的周而复始的过程。

单片机中的程序一般事先都已固化在程序存储器中，因而开机即可执行指令。

下面以 MOVA，♯0FH 指令的执行过程来说明单片机的工作过程，此指令的机器码为 74H，0FH，并已存在 0000H 开始的单元中。

1. 单片机取指令过程

单片机开机时，PC＝0000H，即从 0000H 开始执行程序。首先是取指令过程：

（1）PC 中的 0000H 送到片内地址寄存器；

（2）PC 的内容自动加 1 变为 0001H，指向下一个指令字节；

（3）地址寄存器中的内容 0000H 通过地址总线送到片内存储器，经存储器中地址译码器选中 0000H 单元；

（4）CPU 通过控制总线发出读命令；

（5）将选中单元 0000H 的内容 74H 送内部数据总线上，因为是取指周期，该内容通过内部数据总线送到指令寄存器。到此取指令结束，进入执行指令过程。

2. 单片机指令的执行过程

（1）指令寄存器中的内容经指令译码后，说明这条指令是取数指令，即把一个立即数送累加器 A 中；

（2）PC 的内容为 0001H，送地址寄存器，译码后选中 0001H 单元，同时 PC 的内容自动加 1 变为 0002H；

（3）CPU 同样通过控制总线发出读命令；

（4）将选中单元 0001H 的内容 0FH 读出，经内部数据总线送到送累加器 A 中。至此本指令执行结束。PC＝0002H，机器又进入下一条指令的取指令过程。一直重复上述过程直到程序中的所有指令执行完毕，循环执行下一条指令。

❊ 2.9　实训——组装与焊接单片机最小系统

目的：熟悉单片机的硬件结构。

1. 芯片选择

选择 89C51 单片机。

2. 最小系统电路图

原理如图 2-5 所示，实物如图 2-9 所示。图 2-9(a) 所示的中间部分是 DIP40 插座，可以将单片机安插在上面，这样可以方便插拔单片机。DIP40 插座两边分别是 2.54mm 间距的单排针，与单片机的引脚相连接，这样可以使用杜邦线将单片机引脚与其他元器件连接起来。杜邦线是连接排针与排针之间的导线，与外围器件的连接过程方便快捷。以后的每个实验都是将外围器件焊接在另一个电路板上，并使用杜邦线将两个实验板连接起来。本例子就是使用杜邦线将最小系统板与发光二极管板连接起来。排阻是为 P0 口添加的上拉电阻。电源是 5V 的直流电。

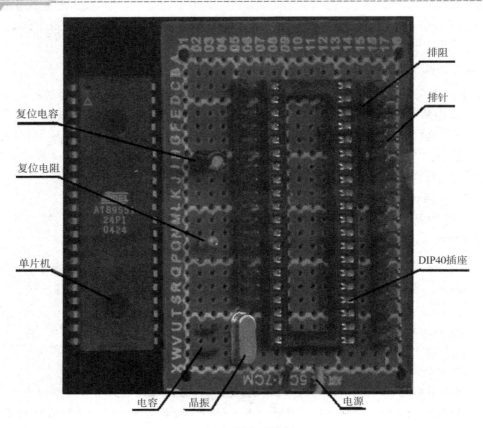

复位电容

复位电阻

单片机

排阻

排针

DIP40插座

电容　晶振　　　　　　电源

（a）最小系统板

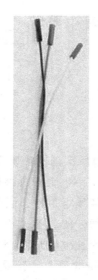

（b）杜邦线

（c）8个发光 LED

图 2-9　最小系统实物图

电路板背部的连线如图 2-10 所示。

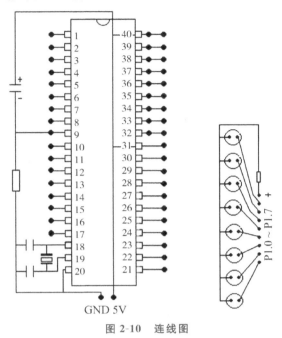

GND 5V

图 2-10　连线图

小经验

使用单片机底座，可以随时更换单片机，而且焊接时不会损坏单片机。

使用排针将单片机引脚信号引出来，方便以后调试。

3. 所需元器件

所需元器件见表 2-6。

表 2-6　所需元器件

功能	元器件
单片机	89C51
电源	USB 口取电
电源指示灯	①绿色 LED；②1k 电阻
复位电路	①按键×1；②电解电容 $100\mu F×1$，1k 电阻×1
时钟电路	①晶振 11.0592M×1；②30P 电容×1
LED 模块电路	①红色 LED×8；②1k 电阻×8

4. 制作所需最基本工具

最基本工具包括烙铁、焊锡丝、导线。

5. 组装与焊接

单片机最小系统的组装与焊接具体如图 2-9 和图 2-10 所示。

✳ 2.10 将程序写入单片机

单片机的程序编写完后，经过反复编译调试，排除程序中的错误和缺陷。最后需要将编译好的程序文件写入单片机的程序存储器，这个过程通常需要使用编程器。以实验中常用的 STC 单片机介绍程序下载方法。

STC 单片机是使用其串口进行 ISP 下载程序。STC 系列单片机具有在线系统可编程（ISP）特性，ISP 的好处是：省去购买通用编程器，单片机在用户系统上即可下载/烧录用户程序。具体过程如下：

（1）购买 USB 转串口下载线。型号很多，常见的有 CP2102、PL2302、CH340 等，购买时要求 USB 转 TTL 电平的。

（2）编程器与单片机的硬件连接，如图 2-11 所示。

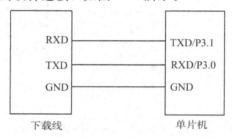

图 2-11 编程器与单片机的连接

单片机 ISP 下载使用 P3.0、P3.1（RXD、TXD），将该引脚与编程器的发送、接收引脚交叉连接。

（3）安装驱动。以 CP2012 为例，先下载驱动 "CP210x _ VCP _ Win2K _ XP _ S2K3.exe"。执行安装后将 "STC USB 下载线" 连接至计算机，提示安装驱动等。安装完毕后，在 "设备管理器" 中查看生成的串口号。如图 2-12 所示。

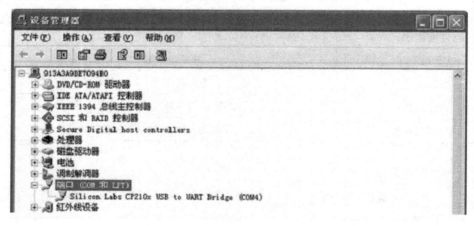

图 2-12 编程器与驱动安装

（4）获得 STC 官方下载软件，启动下载程序，如图 2-13 所示。

图 2-13　启动程序下载软件

（5）下载过程如图 2-14 所示。

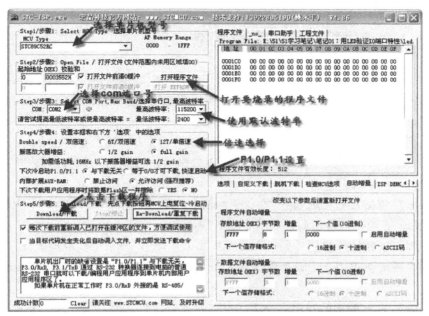

图 2-14　STC 单片机程序下载界面

步骤 1：选择单片机型号；

步骤 2：打开在 Keil C51 中编译好的单片机程序；

步骤 3：选择下载线使用的端口号，在图 2-12 中可以查到；

步骤 4：单片机重启后不要修改硬件配置；

步骤 5：点击"Download/下载"；

步骤 6：出现图 2-15 所示的提示后，单片机重新加电，然后单片机会自动下载程序。

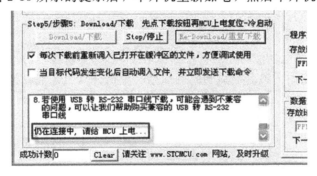

图 2-15　提示重新给单片机加电界面

小经验

将程序写入单片机的过程类似与将一首歌下载到我们的手机上。手机的型号不同，下载的方式方法也不一样。同样单片机的生产厂家、生产型号不一样，下载的方法也不一样。

将一首歌下载到手机上，手机就能够离开计算机播放歌曲。同样将程序下载到单片机后，单片机就能够独立执行程序，不需要计算机的连接。

❀ 2.11 单片机编程其实很简单

单片机的内部硬件资源包括 CPU、存储器、I/O 口、定时器、中断、串口几个部分。单片机的 CPU、存储器与编程开发无关。单片机程序开发就是对 I/O 口、定时器、中断、串口几个部分进行编程。

我们使用 C 语言开发，是在 C 语言的基础上对上述功能部件进行开发。

其中 I/O 口一共 4 条语句（端口输入、端口输出、引脚输入、引脚输出），而与单片机硬件有关的语句中大部分就是这 4 条语句。

定时器编程包括初始化语句 3 条（工作模式设置、定时时间/计数大小设置、启动），1 条查询是否定时器已经溢出的语句或中断处理函数。

中断编程包括初始化语句 1 条（允许开放那个中断），一个中断处理函数。

串口编程需要时再用，含初始化语句 7 条，1 条查询发送或接收成功的语句或中断处理函数。

单片机的 C 语言要求的知识点不多。所以单片机编程是简单的，只需要掌握少数几条语句就能控制硬件工作，但需要灵活应用。

【习　题】

1. 简述 51 单片机的内部组成及各部分功能。

2. 51 单片机各引脚的功能是什么？

3. 说明 89S51 单片机最小系统的构建方法。

4. 说明 89S51 单片机的 RAM 低 128 单元可划分为哪三个主要部分？各部分主要功能是什么？

5. P3 口有哪些第二功能？

6. 什么是指令周期、机器周期和时钟周期？如何计算机器周期的确切时间？

第3章　C51 程序设计

【本章要点】

- 了解 C51 编译器的功能
- 掌握 C51 的数据类型及变量定义
- 掌握 C51 编译环境的使用方法

单片机常用的编程语言有汇编语言和 C 语言。与汇编语言相比，C 语言有以下优点：

（1）不要求编程者详细了解单片机的指令系统，但需了解单片机的存储器结构；

（2）寄存器分配、不同存储器的寻址及数据类型等细节可由编译器管理；

（3）结构清晰，程序可读性强；

（4）编译器提供了很多标准库函数，具有较强的数据处理能力。

由于 C 语言的结构性、可读性和可维护性好，使用 C 语言可以缩短开发周期、降低成本，因此 C 语言已成为单片机应用系统开发的主流语言。支持 MCS-51 用 C 语言编程的编译器主要有两种：Franklin C51 编译器和 Keil C51 编译器，简称 C51。C51 是专为 MCS-51 开发的一种高性能的 C 编译器，是在标准 C 语言的基础上增加了对单片机硬件编程的扩展指令，例如读写单片机引脚逻辑状态的指令。C51 产生的目标代码的运行速度极高，所需存储空间极小，完全可以和汇编语言媲美。

C 语言与汇编的比较

单片机编程时我们可以选择用 C 语言或汇编语言，根据多年的工程开发经验，建议大家直接选用 C 语言，即使你对 C 语言一点不了解也不会影响到单片机的学习，反而在学习进度上要比直接使用汇编语言编程省力得多。

汇编语言的机器代码生成效率很高，但可读性却并不强。大多数情况下，C 语言编译生成的机器代码效率和汇编语言相当，但其可读性和可移植性却远远超过汇编语言，而且 C 语言还可以通过嵌入汇编语句来解决高时效性的特殊要求。

实际上，在一些有点复杂的程序里，用 C 语言写出的代码长度不一定会比汇编语言多，有时甚至会更少，这是因为 Keil C51 软件能够进行非常好的编译。

从开发周期来看，中大型的软件编写用 C 语言的开发周期通常要比汇编语言短很多。而且 C 语言程序的移植性要比汇编好得多，比如 C51 的程序基本上就不用怎么修改就可以用在 PIC 单片机里。

总之，能用 C 语言编程实现的地方尽量不要用汇编语言，尤其在算法的实现，用汇编语言比较晦涩难懂。

无论是高级语言还是汇编语言，源程序都要转换成目标程序（机器语言）单片机才能执行。

Keil C51 软件是目前最流行的开发 51 系列单片机的软件。Keil C51 提供了包括 C 编译器、宏汇编、连接器和一个功能强大的仿真调试器等在内的完整开发方案，并且通过一个集成开发环境（Keil uVision2）将他们组合在一起。利用 Keil uVision2 创建源代码，并被编译生成可被单片机执行的目标文件。

Keil C51 编译器完全遵照 ANSI C 语言标准，支持 C 语言的所有标准特性。

C51 编译器扩展了支持 80C51 微处理器的特性，包括：数据类型、存储器类型、存储器模式、指针、再入函数、中断函数。

❈ 3.1　C51 程序结构

1. C51 程序的结构

C51 程序结构与一般的 C 程序没有什么差别，结构如下：

```
♯ include<…. H >//预处理命令
……//全程变量定义
……//函数声明


//函数定义
char funl () //函数定义
    {
    ……//函数体
    }


//中断函数定义
void 函数名 () interrupt x
    {
     ……//函数体
    }


void main () //主函数
 {
    ……//局部变量定义
    ……//单片机寄存器的初始化函数
    while (1) //循环执行
     {
        ……//主函数体
     }
 }
```

（1）一个 C51 源程序必须包含一个 main（）函数，也可以包含若干其他函数。main 函数可以调用别的功能函数，但其他功能函数不允许调用 main 函数。main（）函数是主函数，是程序的入口，不论 main 函数处在程序中的任何位置，程序是从 main（）函数开始执行，执行到 main（）函数结束则结束。Keil C51 中，一般将 main 函数放在程序尾。

（2）"♯include＜…. H＞"语句是包含库函数。库函数是 C51 在库文件中已定义的函数，其函数说明在相关的头文件中，用户编程时只要用 include 预处理指令包含相关头文件，就可在程序中直接调用。

（3）用户自定义函数是用户自己定义、自己调用的函数。

（4）全程变量在程序的所有地方都可以赋值和读出，包括中断函数、主函数，因此单片机程序要善于使用全程变量。

（5）如果使用中断，需要单独编写中断函数。

（6）如果使用中断、定时器、串口等功能，单片机寄存器的初始化函数是必须有的。

（7）"while（1）{……}"是必需的。是一条条件一直满足的循环语句，表示单片机的执行代码部分是循环执行。工程中单片机程序先对寄存器进行一次初始化操作，然后使用"while（1）"语句循环执行其执行代码部分。如果没有"while（1）"语句，单片机执行完后，会又从 main（）函数的第一条语句执行，相当于单片机复位一次。

2. C51 对标准 ANSI C 的扩展

C51 对标准 ANSI C 进行了扩展，不仅完全支持 C 的标准指令，而且有很多用来优化 8051 指令结构的扩展语句，例如运算指令、流程控制指令、函数定义等。在 Keil uVision2 中的关键字除了 ANSI C 标准的 32 个关键字外，还根据 51 单片机的特点扩展了相关的关键字，主要有以下扩展关键字：

_ at _、idata、sfr16、alien、interrupt、bdata、Code、bit、pdata。

❀ 3.2　C51 的数据类型

Keil C 支持 ANSI C 的所有标准数据类型，为了更加有利地利用 8051 的结构，还加入了一些特殊的数据类型。表 3-1 与表 3-2 中列出了 Keil uVision2 C51 编译器所支持的数据类型及对数据类型的扩展。

表 3-1　ANSI C 支持的标准数据类型

数据类型	长度	数值范围
unsigned char	8	0～255
signed char	8	−128～+127
unsigned int	16	0～65535
signed int	16	−32768～+32767
unsigned long	32	0～4294967295
signed long	32	−2147483648～+2147483647
float	64	1.17549410^{-38}～3.40282310^{+38}

小经验

1. 编程时常用的数据类型有 unsigned char 和 unsigned int，其他类型一般不用。

2. 不建议使用 float 和 long 数据类型，使用该类型数据会使单片机的工作量很大。

3. C51 可支持表 3-1 所列的数据类型，但 51 单片机的 CPU 是一个 8 位微控制器。用 8 位字节（如：char 和 unsigned char）的操作比用整数或长整数类型的操作更有效。对于 C 语言这样的高级语言，不管使用什么样的数据类型，表面上看起来是一样的，但实际上 C51 编译器要用一系列机器指令对其进行复杂的数据类型处理。特别是使用浮点变量时，将明显地增加程序长度和运算时间。

4. unsigned char、char 是单字节的变量，即是 8 位的数据，只占用一个内存单元。unsigned int、int 是双字节变量，即是 16 位长的数据，占用 2 个内存单元。一般情况下，我们都是用无符号型的数据 unsigned int、unsigned char。

5. 在汇编里，处理超过一个内存单元的数据就会比较麻烦，如果处理 4 个单元长度的乘除，程序会很长。而在 C 语言里，数据类型对编程过程影响不大，这也是 C 语言相对于汇编的优点，从处理数据运算中解放出来，把更多的精力放在程序的规划。

6. 汇编需要知道定义变量的位置，但在 C 代码中变量的定位是编译器的事情，初学者只要定义变量和变量的作用域，编译器就把一个固定地址给这个变量。

表 3-2　C51 对数据类型的扩展

数据类型	长度	数值范围
bit	1	0 或 1
sfr	8	0～255
sfr16	16	0～65535
sbit	1	0 或 1

bit 型变量可用变量类型，函数声明、函数返回值等，存储于内部 RAM 的 20H～2FH。程序中遇到的逻辑标志变量可以定义到 bdata 中，可以大大降低内存占用空间。单片机中有 16 个字节位寻址区 bdata，其中可以定义 8×16＝128 个逻辑变量。定义方法是：

bdata bit LedState；

注意：位类型不能用在数组和结构体中。

CODE 段定义的变量存放在代码段，定义后数据的内容是不可改变的。读取 CODE 段的数据和对其他段的访问的方法是一样的。代码段中的对象在编译的时候初始化，下面是代码段的声明例子。

unsigned int code unit _ id〔2〕＝1234；

小提示——CODE 关键字的意义

1. CODE 段定义的变量存放在代码段，单片机运行时不占用内存。

2. 单片机运行时 CODE 段数据的内容是不可改变的。

3. 下面的数据通常使用 CODE 段来定义的变量：数码管的字形编码、液晶的汉字点阵编码。

❈ 3.3　C51 对特殊功能寄存器（SFR）的定义

51 单片机中，除程序计数器 PC 和 4 组工作寄存器外，其他所有的寄存器均为特殊功能寄存器（SFR），它们在片内 RAM 安排了绝对地址，地址范围为 80H～0FFH，分散在片内 RAM 区的高 128 字节中，51 单片机的芯片说明中已经为它们用预定义标识符起了名字。

C51 编译器使用 sfr 与 sfr16 两个关键词，将这些特殊功能寄存器的名字与其绝对地址联系起来，将单片机的硬件与 C 语言编程结合起来。

1. 使用"sfr"关键字定义 SFR

为了能直接访问这些 SFR，C51 提供了一种自主形式的定义方法，这种定义方法与标准 C 语言不兼容，只适用于对 MCS-51 系列单片机进行 C 语言编程。特殊功能寄存器 C51 定义的一般语法格式如下：

sfr name = intconstant;

"sfr"是定义语句的关键字，其后必须跟一个 51 单片机真实存在的特殊功能寄存器名，"＝"后面必须是一个整型常数，不允许带有运算符的表达式，是特殊功能寄存器"sfrname"的字节地址，这个常数值必须对应 SFR 的地址。

【例 3-1】　使用"sfr"关键字定义 SFR 的地址。

sfr SCON = 0x98；//声明 SCON 为串口控制器，地址为 0x98

sfr P0 = 0x80；//声明 P0 为特殊功能寄存器，地址为 0x80

sfr TMOD = 0x89；//声明 TMOD 为定时器/计数器的模式寄存器，地址为 0x89

sfr PSW = 0xD0；//声明 PSW 为特殊功能寄存器，地址为 0xD0

注意：sfr 之后的寄存器名称必须大写，定义之后可以直接对这些寄存器赋值。

在许多 80C51 派生系列中可用两个连续地址的特殊功能寄存器指定一个 16 位值，如：

sfr16 T2 = 0xCDCC；//声明 T2 为 16 位特殊功能寄存器，地址为 0CCH（低字节）和 0CDH（高字节）

> **小知识**
>
> "TMOD＝0x89"中，"0x"表示数据是 16 进制。单片机中寄存器的值、控制参数等，经常使用 16 进制表示。由于这些量的每一位有特定的功能，使用 16 进制可以方便地与具体的每一位对应起来。例如"P1＝0xf0；"表示 P1.7～ P1.4 是高电平，P1.3～ P1.0 是低电平。

Keil C 已经将单片机内部的特殊功能寄存器进行定义，并做成"XX.h"文件，例如 8031、8051 均为 REG51.h，文件中包括了所有 8051 的 SFR 及其位定义。在单片机编程时，选择单片机的型号后，可以加入对应的包含文件。方法是在 C 文件中单击右键后，会出现"insert '♯include＜ _ _ _ _ .h＞'"项，单击该项即可。图 3-1 所示的是加入"REGX51. H"的例子。

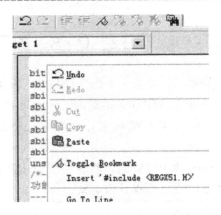

图 3-1 加入 "REGX51. H" 的例子

小经验——记不住 SFR 的地址怎么办？

实际上使用 C 语言进行单片机编程开发，一般没有必要记住 SFR 的地址。Keil C 已经将单片机内部的特殊功能寄存器进行了定义，并编辑成 "XX. h" 文件，我们只需在代码的开始部分包含该文件即可。

有了该头文件，我们可以将这些特殊功能寄存器（SFR）的名字当作变量来使用。例如 "P0＝0xaa;" 表示将 P0 口置逻辑 0xaa。

51 系列单片机的特殊功能寄存器的数量与类型不尽相同，对于一些头文件没有定义的头文件，可以使用 "sfr" 定义。

2. 使用 "sbit" 关键字定义 SFR 的每一位

对于可以进行位寻址的 SFR，C51 支持特殊位的定义。使用 "sbit" 来定义位寻址单元。定义语句的一般的语法格式如下：

sbit bitname = sfrname^int constant;

"sbit" 是定义语句的关键字，后跟一个寻址位符号名（该位符号名必须是单片机中规定的位名称），"＝" 后的 "sfrname" 必须是已定义过的 SFR 的名字，"^" 后的整常数是寻址位在特殊功能寄存器 "sfrname" 中的位号，范围必须是 0～7。

【例 3-2】 使用 "sbit" 关键字定义 SFR 的每一位。

sfr PSW＝0xD0; //定义 PSW 寄存器地址为 D0H

sbit OV＝PSW^2; //定义 0V 位为 PSW.2，地址为 D2H

sbit P2 _ 7＝P2^7; //定义 P2.7 位为 P2 _ 7

特殊功能位代表了一个独立的定义类，不能与其他位定义和位域互换。

3. "sfr16" 关键字

在 51 系列产品中，SFR 在功能上经常组合为 16 位值，当 SFR 的高字节地址直接位于低字节之后时，对 16 位 SFR 的值可以直接进行访问。例如 52 子系列的定时器/计数器 2 就是这种情况。为了有效地访问这类 SFR，可使用关键字 "sfr16" 来定义，其定义语句的语法格式与 8 位 SFR 相同，只是 "＝" 后面的地址必须用 16 位 SFR 的低字节地址，即低字节地址作为"sfr16"的定义地址。例如：

sfr16 T2＝0xCC；// 定义定时器/计数器 2

❊ 3.4　Keil C51 指针与函数

C51 编译器支持用星号（＊）进行指针声明。可以用指针完成在标准 C 语言中所有操作。另外，由于 80C51 单片机及其派生系列所具有的独特结构，C51 编译器支持两种不同类型的指针：通用指针和存储器指针。

1. 通用指针

通用指针的声明和使用均与标准 C 语言相同，不过同时还可以说明指针的存储类型。如：

char ＊ s；/＊字符指针＊/

int ＊ numptr；/＊整型指针＊/

long ＊ state；/＊长整型指针＊/

通用指针总是需要三个字节来存储：第一个字节表示存储器类型，第二个字节是指针的高字节，第三个字节是指针的低字节。

通用指针可以用来访问所有类型的变量，而不管变量存储在哪个存储空间中。因而，许多库函数都使用通用指针。通过使用通用指针，一个函数可以访问数据，而不用考虑它存储在什么存储器中。例如：

"long ＊ state；"定义一个指向 long 型整数的指针，而 state 本身则依存储模式存放。

"char ＊ xdata ptr；"定义一个指向 char 数据的指针，而 ptr 本身放于外部 RAM 区，以上的 long，char 等指针指向的数据可存放于任何存储器中。

通用指针很方便，但是也很慢。在所指向目标的存储空间不明确的情况下，它们用得最多。

2. 存储器指针

存储器指针或类型确定的指针在定义时包括一个存储器类型说明，并且总是指向此说明的特定存储器空间。例如：

"char data ＊ str；"/＊str 指向 data 区中 char 型数据＊/；

"int xdata ＊ pow；"/＊ pow 指向外部 RAM 的 int 型整数＊/。

由于存储器类型在编译时已经确定，通用指针中用来表示存储器类型的字节就不再需要了。

指向 idata、data、bdata 和 pdata 的存储器指针用一个字节保存，指向 code 和 xdata 的存储器指针用两个字节保存。使用存储器指针比通用指针效率要高，速度要快。当然，存储器指针的使用不是很方便。在所指向目标的存储空间明确并不会变化的情况下，它们用得最多。

3. Keil C51 函数

C51 中函数的定义和使用与标准 C 语言基本相同，但对递归调用有所不同，C51 编译器采用一个扩展关键字 reentrant 作为定义函数的选项，需要将一个函数定义为再入函数时，只要在函数名的后面加上关键字 reentrant 即可，其格式如下：

函数类型 函数名（形式参数）［reentrant］

再入函数可被递归调用，无论是否合适，包括中断服务函数在内的任何函数都可调用再入函数。与非再入函数的参数传递和局部变量的存储分配方法不同，C51 编译器为再入函数生成一个模拟栈，通过这个模拟栈来完成参数传递和存放局部变量。模拟栈所在的存储空间根据再入函数存储器模式的不同，可以是 data、pdata 或 xdata 存储空间。当程序中包含有多种存储器模式的再入函数时，C51 编译器为每种模式单独建立一个模拟栈并独立管理各自的指针。

❊ 3.5　绝对地址访问

使用"＃include＜absacc. h＞"语句即可使用其中定义的宏来访问绝对地址。该文件中实际只定义了几个宏，以确定各存储空间的绝对地址，使用方法如下：

1. 绝对宏

包括：CBYTE、XBYTE、PWORD、DBYTE、CWORD、XWORD、PBYTE、DWORD。

例如：

rval＝CBYTE ［0x0002］；//指向程序存储器的 0002H 地址

rval＝XWORD ［0x0002］；//指向外 RAM 的 0004H 地址

2. ＿at＿关键字

直接在数据定义后加上"＿at＿ const"即可。

例如：

idata struct link list ＿at＿ 0x40；//指定 list 结构从 40H 开始

xdata char text ［25b］ ＿at＿ 0xE000；//指定 text 数组从 0E000H 开始

注意：①绝对变量不能被初使化；②bit 型函数及变量不能用 ＿at＿ 指定。

❊ 3.6　宏定义与 C51 中常用的头文件

编程中可以使用宏替代函数。对于小段代码，如使能某些电路或从锁存器中读取数据，可通过使用宏来替代函数使得程序有更好的可读性。可把代码定义在宏中，这样看上去更像函数。宏的名字应能够描述宏的操作，当需要改变宏时你只要修改宏定义处。

例如：

```
＃define led ＿ on （）｛
    led ＿ state＝LED ＿ ON；
    XBYTE ［LED ＿ CNTRL］ ＝ 0x01；｝
＃define led ＿ off （）｛
```

```
led _ state=LED _ OFF;
XBYTE [LED _ CNTRL] = 0x00;}
```

#define checkvalue (val)

((val < MINVAL || val > MAXVAL) 0 : 1)

可以用宏来替代程序中经常使用的复杂语句，使程序有更好的可读性和可维护性。

❋ 3.7　硬件与软件编程的桥梁——C 语言 reg51.h 头文件

C51 中常用的头文件通常有 reg51.h、reg52.h、math.h、ctype.h、stdio.h、stdlib.h、absacc.h、intrins.h 等。但常用的却只有 reg51.h、reg52.h 或 math.h。

reg51.h 和 reg52.h 是定义 51 单片机或 52 单片机特殊功能寄存器和位寄存器的，这两个头文件中大部分内容是一样的，52 单片机比 51 单片机多一个定时器 T2，因此，reg52.h 中也就比 reg51.h 中多几行定义 T2 寄存器的内容。

math.h 是定义常用数学运算的，比如求绝对值、求方根、求正弦和余弦等，该头文件中包含有各种数学运算函数，当我们需要使用时可以直接调用它的内部函数。

reg52.h 的部分内容如下：

```
/ * - - - - - - - - - - - - - - - - - - - - - - - - - - - - - - - - -
Byte Registers
- - - - - - - - - - - - - - - - - - - - - - - - - - - - - - - - - * /
sfr P0 = 0x80;
sfr SP = 0x81;
sfr DPL = 0x82;
sfr DPH = 0x83;
sfr PCON = 0x87;
sfr TCON = 0x88;
sfr TMOD = 0x89;
sfr TL0 = 0x8A;
sfr TL1 = 0x8B;
sfr TH0 = 0x8C;
sfr TH1 = 0x8D;
sfr P1 = 0x90;
sfr SCON = 0x98;
sfr SBUF = 0x99;
sfr P2 = 0xA0;
sfr IE = 0xA8;
sfr P3 = 0xB0;
sfr IP = 0xB8;
```

```
sfr PSW = 0xD0;
sfr ACC = 0xE0;
sfr B = 0xF0;


/* - - - - - - - - - - - - - - - - - - - - - - - - - - - - - - - -
P0 Bit Registers
- - - - - - - - - - - - - - - - - - - - - - - - - - - - - - - - - */
sbit P0 _ 0 = 0x80;
sbit P0 _ 1 = 0x81;
sbit P0 _ 2 = 0x82;
sbit P0 _ 3 = 0x83;
sbit P0 _ 4 = 0x84;
sbit P0 _ 5 = 0x85;
sbit P0 _ 6 = 0x86;
sbit P0 _ 7 = 0x87;


/* - - - - - - - - - - - - - - - - - - - - - - - - - - - - - - - -
PCON Bit Values
- - - - - - - - - - - - - - - - - - - - - - - - - - - - - - - - - */
#define IDL _ 0x01

#define STOP _ 0x02
#define PD _ 0x02/* Alternate definition */

#define GF0 _ 0x04
#define GF1 _ 0x08

#define SMOD _ 0x80

/* - - - - - - - - - - - - - - - - - - - - - - - - - - - - - - - -
TCON Bit Registers
- - - - - - - - - - - - - - - - - - - - - - - - - - - - - - - - - */
sbit IT0 = 0x88;
sbit IE0 = 0x89;
sbit IT1 = 0x8A;
sbit IE1 = 0x8B;
sbit TR0 = 0x8C;
```

```
sbit TF0 = 0x8D;
sbit TR1 = 0x8E;
sbit TF1 = 0x8F;


/* - - - - - - - - - - - - - - - - - - - - - - - - - - - - - - - -
TMOD Bit Values
- - - - - - - - - - - - - - - - - - - - - - - - - - - - - - - - - */
#define T0 _ M0 _ 0x01
#define T0 _ M1 _ 0x02
#define T0 _ CT _ 0x04
#define T0 _ GATE _ 0x08
#define T1 _ M0 _ 0x10
#define T1 _ M1 _ 0x20
#define T1 _ CT _ 0x40
#define T1 _ GATE _ 0x80

#define T1 _ MASK _ 0xF0
#define T0 _ MASK _ 0x0F


/* - - - - - - - - - - - - - - - - - - - - - - - - - - - - - - - -
P1 Bit Registers
- - - - - - - - - - - - - - - - - - - - - - - - - - - - - - - - - */
sbit P1 _ 0 = 0x90;
sbit P1 _ 1 = 0x91;
sbit P1 _ 2 = 0x92;
sbit P1 _ 3 = 0x93;
sbit P1 _ 4 = 0x94;
sbit P1 _ 5 = 0x95;
sbit P1 _ 6 = 0x96;
sbit P1 _ 7 = 0x97;


/* - - - - - - - - - - - - - - - - - - - - - - - - - - - - - - - -
SCON Bit Registers
- - - - - - - - - - - - - - - - - - - - - - - - - - - - - - - - - */
sbit RI = 0x98;
sbit TI = 0x99;
sbit RB8 = 0x9A;
```

```
sbit TB8 = 0x9B;
sbit REN = 0x9C;
sbit SM2 = 0x9D;
sbit SM1 = 0x9E;
sbit SM0 = 0x9F;


/* - - - - - - - - - - - - - - - - - - - - - - - - - - - - - - - - - - - - -
P2 Bit Registers
- - - - - - - - - - - - - - - - - - - - - - - - - - - - - - - - - - - - - */
sbit P2 _ 0 = 0xA0;
sbit P2 _ 1 = 0xA1;
sbit P2 _ 2 = 0xA2;
sbit P2 _ 3 = 0xA3;
sbit P2 _ 4 = 0xA4;
sbit P2 _ 5 = 0xA5;
sbit P2 _ 6 = 0xA6;
sbit P2 _ 7 = 0xA7;


/* - - - - - - - - - - - - - - - - - - - - - - - - - - - - - - - - - - - - -
IE Bit Registers
- - - - - - - - - - - - - - - - - - - - - - - - - - - - - - - - - - - - - */
sbit EX0 = 0xA8; /* 1 = Enable External interrupt 0 */
sbit ET0 = 0xA9; /* 1 = Enable Timer 0 interrupt */
sbit EX1 = 0xAA; /* 1 = Enable External interrupt 1 */
sbit ET1 = 0xAB; /* 1 = Enable Timer 1 interrupt */
sbit ES = 0xAC; /* 1 = Enable Serial port interrupt */
sbit ET2 = 0xAD; /* 1 = Enable Timer 2 interrupt */

sbit EA = 0xAF; /* 0 = Disable all interrupts */


/* - - - - - - - - - - - - - - - - - - - - - - - - - - - - - - - - - - - - -
P3 Bit Registers (Mnemonics & Ports)
- - - - - - - - - - - - - - - - - - - - - - - - - - - - - - - - - - - - - */
sbit P3 _ 0 = 0xB0;
sbit P3 _ 1 = 0xB1;
sbit P3 _ 2 = 0xB2;
sbit P3 _ 3 = 0xB3;
```

```
sbit P3 _ 4 = 0xB4；
sbit P3 _ 5 = 0xB5；
sbit P3 _ 6 = 0xB6；
sbit P3 _ 7 = 0xB7；


sbit RXD = 0xB0；/ * Serial data input * /
sbit TXD = 0xB1；/ * Serial data output * /
sbit INT0 = 0xB2；/ * External interrupt 0 * /
sbit INT1 = 0xB3；/ * External interrupt 1 * /
sbit T0 = 0xB4；/ * Timer 0 external input * /
sbit T1 = 0xB5；/ * Timer 1 external input * /
sbit WR = 0xB6；/ * External data memory write strobe * /
sbit RD = 0xB7；/ * External data memory read strobe * /


/ * - - - - - - - - - - - - - - - - - - - - - - - - - - - - -
IP Bit Registers
- - - - - - - - - - - - - - - - - - - - - - - - - - - - - * /
sbit PX0 = 0xB8；
sbit PT0 = 0xB9；
sbit PX1 = 0xBA；
sbit PT1 = 0xBB；
sbit PS = 0xBC；
sbit PT2 = 0xBD；


/ * - - - - - - - - - - - - - - - - - - - - - - - - - - - - -
PSW Bit Registers
- - - - - - - - - - - - - - - - - - - - - - - - - - - - - * /
sbit P = 0xD0；
sbit FL = 0xD1；
sbit OV = 0xD2；
sbit RS0 = 0xD3；
sbit RS1 = 0xD4；
sbit F0 = 0xD5；
sbit AC = 0xD6；
sbit CY = 0xD7；
```

　　从上面代码中可以看出，该头文件定义了 52 系列单片机内部所有的特殊功能寄存器。头文件中用到了前面讲到的 sfr 和 sbit 这两个关键字，将与单片机硬件有关的特殊功能寄存器起名，这样我们在程序中可直接将这些名字当作变量名使用。

通过 sfr 这个关键字，在单片机硬件与 C 语言之间搭建一条可以进行沟通的桥梁。因此在编写 51 单片机程序时，在源代码的第一行应该直接包含该头文件。

小经验

需要注意的是，由"XX.h"定义的特殊功能寄存器的名字都是大写。例如"P0"，若写成 p0，编译程序时会报错，因为 p0 在 reg51.h 中没有被定义，编译器不识别 p1。这也是许多初学者编写程序时常犯的错误。

❋ 3.8 C 语言的数制与常用运算符

1. C 语言的数制

计算机中常用的数制有三种，即十进制数、二进制数和十六进制数。

（1）十进制数是我们最熟悉的一种数制，基数为 10，逢十进一。

（2）二进制数是计算机内的基本数制，其主要特点是：

①任何二进制数都只由 0 和 1 两个数码组成，其基数是 2。

②进位规则是"逢二进一"。一般在数的后面用符号 B 表示这个数是二进制数。二进制数同样可以用幂级数形式展开。

（3）十六进制数是微型计算机软件编程时常采用的一种数制，其主要特点是：

①十六进制数由 16 个数符构成：0，1，2，…，9，A，B，C，D，E，F，其中 A，B，C，D，E，F 分别代表十进制数的 10，11，12，13，14，15，其基数是 16。

②进位规则是"逢十六进一"。一般在数的后面加一个字母 H 表示是十六进制数。

（4）使用 window 自带的计算器可以方便地进行数制之间的转换。二进制（B）、十六进制（H）和十进制（D）之间的转换方法，很多教科书都有介绍，通过手工进行数制之间转换的方法比较费时费力，我们可以使用 window 自带的计算器来进行数制之间的转换，如图 3-2 所示，具体步骤如下。

图 3-2 使用计算器进行数制转换

①点击 window "开始" 菜单中的 "程序" 中的 "附件" 中的 "计算器"，打开计算器应用软件；

②点击计算器的 "查看" 菜单，选择 "科学型"；

③选择要转换的原始数制，并在文本框中输入要转换的数；

④选择要转换成的数制，在文本框中就可以看到转换后的结果。

2. 常用的 C 语言的运算符

常用的 C 语言的运算符如表 3-3 所示。

表 3-3　常用的 C 语言的运算符

运算符	范例	说明
＋、－、＊、/	$a+b$、a/b	a 和 b 变量进行加减乘除运算
％	$a\%b$	取 a 变量值除以 b 变量值的余数
＝	$a=6$	将 6 设定给 a 变量，即 a 值是 6
＋＝	$a+=b$	等同于 $a=a+b$
－＝	$a-=b$	等同于 $a=a-b$
＊＝	$a*=b$	等同于 $a=a*b$
/＝	$a/=b$	等同于 $a=a/b$
％＝	$a\%=b$	等同于 $a=a\%b$
＋＋	$a++$	a 的值加 1，即
－－	$a--$	a 的值减 1，即
＞、＜、＝＝、＞＝、＜＝、! ＝	$a>b$、$a==b$	测试 a 与 b 的逻辑关系
＆＆	$a\&\&b$	a 和 b 做逻辑 AND 运算
| |	$a\|\|b$	a 和 b 做逻辑 OR 运算
！	！a	将 a 按位取反
＞＞	$a>>b$	按位右移 b 个位
＜＜	$a<<b$	按位左移 b 个位，移后右侧空位补 0
|	$a\|$	a 和 b 的按位进行 OR 运算
＆	$a\&b$	a 和 b 的按位进行 AND 运算
^	a^b	a 和 b 的按位进行 XOR 运算
～	～a	将 a 的每一位进行取反运算
＆＝	$a\&=b$	将变量的地址存入 a 寄存器
＊	＊a	用来取寄存器所指地址内的值

注意：在逻辑运算中，凡是结果为非 "0" 的数值即为真，等于 "0" 为假。

①左移运算符 "＜＜" 是双目运算符。其功能把 "＜＜ " 左边的运算数的各二进位

全部左移若干位，由"＜＜"右边的数指定移动的位数，高位丢弃，低位补 0。

例如：$a<<4$，指把 a 的各二进位向左移动 4 位。

②右移运算符"＞＞"是双目运算符。其功能是把"＞＞"左边的运算数的各二进位全部右移若干位，"＞＞"右边的数指定移动的位数。

例如：$a=0x0f$，$a>>2$ 表示把 00001111 右移为 00000011。

③求反运算符"～"为单目运算符，是对参与运算的数的各位按位求反。

例如：～9 的运算为～（00001001），结果为：11110110。

④按位异或运算符"^"是双目运算符。其功能是参与运算的两数各对应的二进位相异或，当两对应的二进位相异时，结果为 1。

⑤除法运算符"/"是二元运算符，具有左结合性。参与运算的量均为整型时，结果为整型，舍去小数。例：$5/2=2$，$1/2=0$。

⑥求余运算符"％"是二元运算符，具有左结合性。参与运算的量均为整型。求余运算的结果等于两个数相除后的余数。例：$5\%2=1$，$1\%2=1$。

如果 $a<b$ 的话，$a\%b$ 的商为 0，余数就是 a。

❋ 3.9　C51 的流程控制语句

C 语言提供了丰富的程序控制语句，主要包括选择语句和循环语句等。

1. 选择语句

（1）选择语句 if。选择语句又被称为分支语句，其关键字是 if。C 语言提供了两种形式的条件语句。

①if（条件表达式）语句。其语义是：如果表达式的值为真，则执行其后的语句，否则就跳过该语句。

②第二种形式为 if-else。

if（条件表达式）

语句 1；

else

语句 2；

其语义是：如果表达式的值为真，则执行语句 1，否则执行语句 2。

（2）switch-case 语句。语法如下：

switch（表达式）

{

case 常量表达式 1：语句 1；break；

……

case 常量表达式 n：语句 n；break；

default：语句

}

运行中，以 switch 后面的表达式的值作为条件，与 case 后面的各个常量表达式的值相比较，如果相等时则执行后面的语句，再执行 break（间断语句）语句，跳出 switch 语句。如果 case 没有和条件相等的值时就执行 default 后的语句。当要求没有符合的条件时不作任何处理，则可以不写 default 语句。

2. 循环语句

（1）while 语句。while 语句的一般形式为：

while（表达式）语句；

其中表达式是循环条件，语句为循环体。

while 语句的语义是：计算表达式的值，当值为真（非 0）时，执行循环体语句。

（2）do-while 语句。do-while 语句的一般形式为：

　　　　do

语句

　　　　while（表达式）；

这个循环与 while 循环的不同在于：它先执行循环中的语句，然后再判断表达式是否为真，如果为真则继续循环；如果为假，则终止循环。因此，do-while 循环至少要执行一次循环语句。

（3）for 循环语句。语句的一般形式为：

for（表达式 1；表达式 2；表达式 3，语句

表达式 1 是设定起始值，用来给循环控制变量赋初值；

表达式 2 是条件判断式，如果条件为真时，则执行动作，否则终止循环；

表达式 3 是步长表达式，执行动作完毕后，必须再回到这里做运算，然后再到表达式 2 做判断。

小提示——单片机对 C 语言的要求有多高？

　　单片机对 C 语言的知识点要求不高，只需要掌握下面几点。

　　1. 变量定义方面，掌握 3 种类型的变量定义：unsigned char、unsigned int、bit。看懂 sfr16、sbit 定义的变量。理解全局变量与局部变量。

　　2. 掌握判断语句的使用（if-else）。

　　3. 掌握循环语句的使用，包括 for 循环、while 循环。

　　4. 掌握函数的使用。

　　5. 掌握中断函数的使用。

　　其他 C 语言的知识点使用的概率小，初学者可以暂时不掌握。

❀ 3.10　Keilu Vision2 集成开发编程环境使用

使用 Keil C51 开发系统时，需要下面几个过程：

（1）创建一个 Keil C51 项目，从器件库中选择目标器件，配置工具设置；

（2）用 C 语言或汇编语言编写、调试单片机程序；

（3）使用 Keil C51 环境编译单片机程序，修改程序中的错误，生成 HEX 文件；

（4）使用编程器，将 HEX 文件写入单片机的程序储存器。

1. 建立 Keil C51 工程

运行 Keil C51 开发环境，出现如图 3-3 所示的编辑界面。

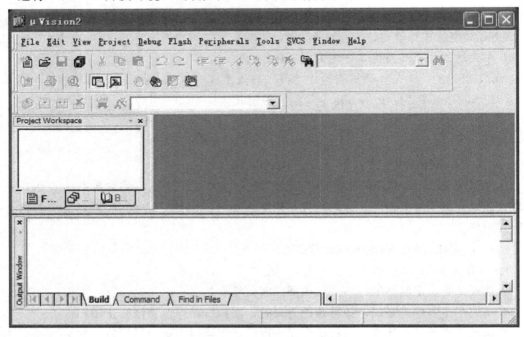

图 3-3　开发环境的编辑界面

接着按下面的步骤建立一个工程。

（1）建立工程文件。通常单片机应用系统软件包括多个源程序文件，Keil C51 使用工程的概念，将这些参数设置和所需的文件都加在一个工程中。

单击 "Project" → "New Project" 菜单，如图 3-4 所示，出现 "Create New Project" 对话窗口，如图 3-5 所示。选择工程要保存的路径，在 "文件名" 中输入工程名称，例如 "test"。点击 "保存" 按钮后的文件扩展名为 uv2。

小提示

记住保存工程时的在计算机中的文件夹位置，默认情况下，工程编译生成的各种文件都在该文件夹内（特别是包括准备写入单片机的 "XX. hex" 文件）。

（2）选择所要的单片机。这时会弹出一个对话框，要求用户选择单片机的型号，可以根据用户使用的单片机型号来选择。Keil C51 几乎支持所有的 51 内核的单片机，这里选择 Atmel 公司的 AT89C51，如图 3-6 所示。

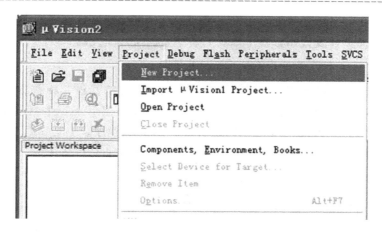

图 3-4　New Project 菜单

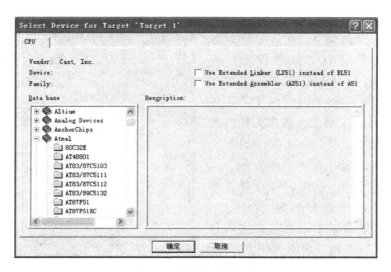

图 3-5　保存工程时的窗口

图 3-6　选取单片机芯片

到此为止，我们还没有建立好一个完整的工程。虽然开发环境显示有工程名了，但工程当中还没有任何文件及代码，接下来我们需要添加文件及代码。

2. 在工程中创建新的程序文件或加入程序文件

（1）在工程中创建新的程序文件。如果没有已经编好的程序，就需要新建一个程序文件。点击图 3-7 中"1"的新建文件的快捷按钮，在"2"中出现一个新的文字编辑窗口，此时光标在编辑窗口中闪烁，可以编辑输入我们的应用程序。上述过程也可以通过菜单 FileNew 实现。编写程序后需要先存盘，然后再将该文件加入工程中。

小提示

文件存盘时，如果用 C 语言编写程序，扩展名必须为".c"，即文件名后面一定加扩展名".c"，如"test.c"。

如果用汇编语言编写程序，则扩展名必须为".asm"。

保存时，文件名不一定要和工程名相同，保存的位置不一定要和工程的位置相同，我们可以随意填写文件名和选择保存位置。

图 3-7　新建程序文件

（2）在工程中加入程序文件。如图 3-8 所示，鼠标在屏幕左边的"Source Group1"文件夹图标上右击弹出菜单，在这里可以做在工程中增加或减少文件等操作。选"Add File to Group 'Source Group 1'"，弹出文件窗口后选择刚刚保存的文件，按"ADD"按钮，关闭文件窗，程序文件已加到工程中了。这时在"Source Group1"文件夹图标左边会出现一个小"＋"号，说明文件组中有了文件，点击它可以展开查看。假如把第一个程序命名为"test.c"，保存在工程所在的目录中。这时会发现程序单词有了不同的颜色，说明 Keil 的 C 语法检查已经生效了。

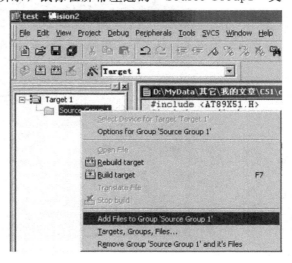

图 3-8　把文件加入工程文件组中

3. 编译运行

图 3-9 中 "1" "2" "3" 都是编译按钮,不同的是 "1" 是用于编译单个文件。"2" 是编译当前工程,如果先前编译过一次之后文件没有做编辑改动,这时再点击不会再次重新编译。"3" 是重新编译,每点击一次均会再次编译链接一次,不管程序是否有改动。在 "3" 右边的是停止编译按钮,只有点击了前三个中的任一个,停止按钮才会生效。

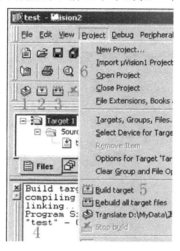

图 3-9　编译程序

4. 进入调试模式

编译成功后,可以进入调试模式。软件窗口样式如图 3-10 所示。图中 "1" 为运行,当程序处于停止状态时才有效。"2" 为停止,程序处于运行状态时才有效。"3" 是复位,模拟芯片的复位,程序回到最开头处执行。按 "4" 可以打开 "5" 中的串行调试窗口,这个窗口可以看到调试结果。

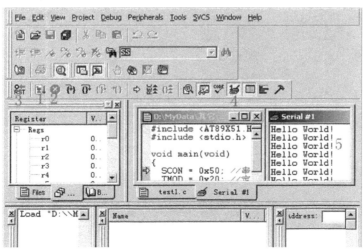

图 3-10　调试运行程序

5. 设置 Keil C51 编译环境，生成 HEX 文件

HEX 文件格式是 Intel 公司提出的按地址排列的数据信息，所有数据使用 16 进制数字表示，该文件能够被单片机执行。

工程中右击图 3-11 所示中的"1"工程文件夹，弹出工程功能菜单，选"Options for Target 'Target1'"，弹出工程选项设置窗口。打开项目选项窗口，转到"Output"选项页，如图 3-12 所示，图中"1"是选择编译输出的路径，"2"是设置编译输出生成的文件名，"3"则是决定是否要创建 HEX 文件，选中它就可以输出 HEX 文件到指定的路径中。

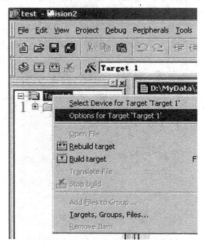

图 3-11 工程功能菜单

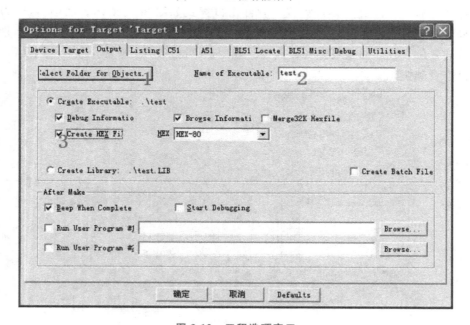

图 3-12 工程选项窗口

设置完毕后，重新编译文件，在编译信息窗口中会显示 HEX 文件被创建到指定的路径中了，如图 3-13 所示。

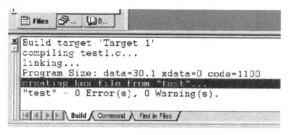

图 3-13　编译信息窗口

最后，使用编程器，配合编程器读写软件，将生成的 HEX 文件写入单片机。

❋ 3.11　实训——Keil C51 编译器使用及程序下载

1. 实训题目

控制 LED 灯闪烁。

2. 实训目的

熟悉 Keil C51 编译器使用。

3. 电路图

如图 2-5 所示，将电源最小系统板、发光二极管板用杜邦线连接起来。

4. 电气原理

发光二极管使用单片机的 P1.0 引脚来控制。当控制信号为低电平时（逻辑 0）发光二极管亮，控制信号为高电平时（逻辑 1）发光二极管熄灭。

5. 程序代码

```
#include<REGX51.H>
sbit Led = P1^0;              //对应 CPU 管脚 P1.0

/*1MS 延时子程序————*/
void Delay_xMs (unsigned int x)
{
    unsigned int i, j;
    for ( i =0; i < x; i++ )
     {
        for ( j =0; j<110; j++ );
     }
}
```

```
void main () / * 主程序，实现 LED 灯闪烁，亮 1 秒灭 1 秒 * /
{
    while (1)
     {
    Led = 0; //LED 发光二极管亮
    Delay _ xMs (1000); //延时 1 秒钟
    Led = 1; //LED4 发光二极管灭
    Delay _ xMs (100); //延时 1 秒钟
     }
}
```

小知识——C 语言中注释的写法

在 C 语言中，注释有两种写法：

1. //……，两个斜杠后面跟着的为注释语句。这种写法只能注释一行，当换行时，又必须在新行上重新写两个斜杠。

2. / * …… * /，斜杠与星号结合使用，这种写法可以注释任意行，即斜杠星号与星号斜杠之间的所有文字都作为注释。

3. 所有注释都不参与程序编译，编译器在编译过程中会自动删去注释，注释的目的是为了读程序方便。因为有了注释，其代码的意义便一目了然了。

上面这段代码虽然非常简短，但包含了单片机程序最基本的框架。

（1）首先，为了使用编译器附带的 51 单片机各个引脚描述的宏定义来直接对单片机的各个模块进行操作，必须在 C 语言源文件的头部使用 ♯ include＜REGX51. h＞头文件（包含与硬件相关的定义）。

（2）其次，程序中必须含有一个 main （）函数。主函数 main （）就是程序的入口，一般函数返回值为 void 或 int 型。

（3）最后，与在计算机上的其他语言有点不同的是，对于单片机程序来说其控制软件都必须是一个无限循环。具体地说，main （）函数都不能够返回，如上面代码通过一个 while （1）使得这段程序不停地循环。这一点要注意，这是初学者经常犯的一个错误。

（4）上面定义了一个延时函数 void Delay _ xMs （unsigned int x），延时函数是由两层嵌套的 for 循环语句实现。

6. 实训具体步骤

（1）启动 Keil C51 软件。

（2）新建一个工程文件 flash. uv2，注意选择工程文件要存放的路径，然后单击"保存"按钮。

（3）在弹出的对话框中选择 CPU 厂商及型号，如 AT89S51。

（4）新建一个 C51 文件，单击左上角的 New File，在编辑框里输入程序。

（5）完成上面代码的输入后，单击"SAVE"按钮，注意选择保存的路径，并输入保存的文件名 flash.c，然后单击"保存"按钮。

（6）保存好后把此文件加入工程中（用鼠标在 Source Group1 上单击右键，然后再单击"Add Files to Group 'Source Group1'"）。

（7）选择要加入的文件，找到 flash.c 后，单击"Add"按钮，然后单击"close"按钮。

（8）到此便完成了工程项目的建立以及文件加入工程，此时 Keil C51 会自动识别关键字，并以不同的颜色提示用户加以注意，这样会使用户少犯错误，有利于提高编程效率。若新建立的文件没有事先保存，Keil 是不会自动识别关键字的，也不会有不同颜色的出现。

（9）开始编译工程，若在 output window 的 build 页看到 0 Error（s）表示编译通过，可以进行程序的仿真运行。

当然，并不是每次都能很顺利地编译成功。编译不成功时，观察编译环境下面的窗口会出现编译错误信息。将错误信息窗口右侧的滚动条拖至最上面，双击第一条错误信息，可以看到 Keil 软件自动将错误定位，并且在代码行前面出现一个蓝色的箭头，根据这个大概位置和错误提示信息再查找和修改错误。

（10）进行程序仿真，单击"Start/Stop Debug Session"。现在可以利用"F10"键进行单步调试，按"F5"键全速运行，或用其他一些调试指令进行调试。如全速执行，可以通过选择菜单 Paripherals－－＞I/O－Ports－－＞Portl 显示 P1 口的状态，并选中菜单 View－－＞Periodic window Update，使端口能跟随程序变化。

（11）将程序下载到单片机，观测运行结果。

小提示

上面是 Keil C51 开发环境的使用过程，是单片机 C 语言的开发环境。过程是固定的，掌握即可，不必太深地研究，重点放在以后章节的编程中。

 【习　题】

1.C51 编程与 ANSIC 编程主要有什么区别？

2.51 单片机能直接进行处理的 C51 数据类型有哪些？

3.简述 C51 存储类型与 51 单片机存储空间的对应关系。

4.C51 中 51 单片机的特殊功能寄存器如何定义？试举例说明。

5.C51 中 51 单片机的并行口如何定义？试举例说明。

6.C51 中 51 单片机的位单元变量如何定义？试举例说明。

7.C51 中指针的定义与 ANSIC 有何异同？

第 4 章 I/O 口的简单编程

【本章要点】

- 了解单片机的 I/O 口
- 掌握单片机 I/O 口的编程

4.1 单片机的 I/O 口编程语句介绍

单片机程序的大部分语句是对 I/O 端口进行编程。

51 系列单片机共有四个 8 位并行 I/O 口，分别是 P0、P1、P2、P3。一条编程语句即可以操作单个引脚，也可以按字节来操作 8 个引脚。

数字电路中只有两种电平特性，即高电平和低电平，因此单片机的引脚只有 0，1 两种逻辑状态。逻辑"0"的电压值是 0，逻辑"1"的电压值是 5V。

小知识——单片机的上拉电阻对编程的影响

上拉电阻是单片机的 I/O 引脚有一电阻连接到 VCC。

P1～P3 口内部有上拉电阻，所以如果单片机引脚没有接任何器件（悬空），此时读取出的逻辑状态是"1"。

P0 口内部没有上拉电阻，是开漏输出的，不管它的驱动能力多大，相当于它是没有电源的，需要外部的电路提供，绝大多数情况下 P0 口是必须加上拉电阻的。

读取单片机引脚状态时，引脚的电平低于 0.7V 就是逻辑 0，高于 1.8V 就是逻辑 1，处于这个电平之间的逻辑状态不能确定。

单片机 I/O 口高电平输出电流等于上拉电阻的电流，这个电流比较小，低电平输出时，内部晶体管吸收的电流最大可以达到 10mA。

因为 P1～P3 口内部有上拉电阻，所以引脚在没有外围电路时，单片机读端口的值是逻辑"1"。C51 读写单片机的 I/O 端口操作如表 4-1 所示。

表 4-1 C51 读写单片机的 I/O 端口

操作	例子	描述
读 I/O 端口	temp＝P1;	读 P1 口接收到的逻辑信息，并送到变量 temp 中
写 I/O 端口	P1＝0xaa;	将 0xaa 送到 P1 口，此时 P1 口的对应引脚显示该逻辑信息
读 I/O 口	b＝P1＿3;	读出引脚 P1＿3 的逻辑状态，并送到位变量 b 中
写 I/O 口	P1＿0＝0;	将 P1 口的第 0 个引脚设置为低电平输出

小经验——单片机的逻辑 0，1 电平

记住单片机的引脚输出只有 0，1 两种逻辑状态。逻辑"0"的电压值是 0，逻辑"1"的电压值是 5V。

P1～P3 口电平的高低是由单片机程序控制的，不必要去追究为什么这样控制。例如当编程写入 P1＝0xFF，那 P1 口就全部是高电平；当写入 P1＝0x00，那 P1 口就全部是低电平。

有了逻辑 0，1 电平，工程中可以将该信号直接与其他芯片连接，也可以通过驱动器件进行信号变换进而控制其他设备，如通过三极管放大电流驱动继电器、通过固态继电器驱动电动机。

4.2 简单控制单片机引脚输出

实训题目：简单发光二极管流水灯程序

本程序主要练习写单片机的 I/O 口编程。通过练习，理解如何编程发出逻辑信息，并控制外围电路。

程序 1：8 个发光二极管 L1～L8 分别接在单片机的 P1.0～P1.7 接口上，硬件电路如图 4-1 所示。编辑程序如下：

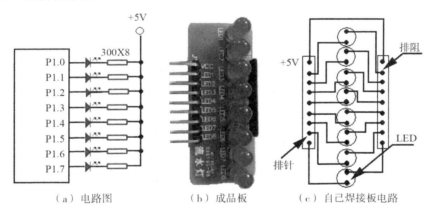

（a）电路图　　　（b）成品板　　　（c）自己焊接板电路

图 4-1 LED 灯电路图

```
#include<REGX51.H>//51 单片机头文件
void main ( )
{
    while (1)
    {
        P1=0xaa; // 1357LED 亮，其他灭
    }
}
```

编译后，将生成的"XX. HEX"文件写入单片机，可以看到 8 个发光二极管的 1，3，5，7 亮，2，4，6，8 灭。实验说明可以通过编程来控制单片机引脚输出的 0，1 逻辑状态，即控制单片机的引脚输出 0 或 5V 电压。如果编程使某单片机引脚输出逻辑 0（相当于人工将该发光二极管的阴极接地，只不过电流的最大值是 20mA），那么对应的二极管就会发光。当单片机引脚是高电平时，发光二极管两端的电势差为 0，二极管不亮。

电路中，发光二极管的阳极通过限流电阻接 5V 电压。发光二极管的电流应控制在 3～20mA，电流过大会烧坏发光二极管，所以要加限流电阻。电路中在发光二极管的阴极一端接单片机，另一端阳极由阻值为 470 欧的限流电阻上拉至电源 VCC。

"P1＝0xaa;"是端口的输出语句，是对单片机 P1 口的 8 个 I/O 口同时进行操作，结果是端口 P1 的 8 个引脚输出"0xaa"逻辑状态。

"P1"与"0xaa"的对应关系是数据的高位对应单片机端口的高位，如表 4-2 所示。

表 4-2 变量值外部引脚对应关系

D7	D6	D5	D4	D3	D2	D1	D0
1	0	1	0	1	0	1	0
P1.7	P1.6	P1.5	P1.4	P1.3	P1.2	P1.1	P1.0

0xaa 以十六进制形式表示，对应的二进制是 10101010，分别对应单片机引脚的 P1.7、P1.6、…、P1.1、P1.0。

使用"P1＝0xaa;"语句时，没有必要定义 P1，因为"在 ♯include＜REGX51. H＞"已经定义过，这就是使用 Keil C51 的方便之处。

小经验——为什么单片机程序喜欢使用十六进制表示的数据

"0xaa"是十六进制表示的数。不管是几进制表示的数，在单片机内部都是以二进制数形式保存的。只要是同一个数值的数，在单片机的内存中表示的内容是一样的。使用十六进制的表示方法比较直观，可以与单片机的引脚能够对应，可以与特殊功能寄存器中的位进行对应。当然，如果是循环变量使用十进制比较直观。

"while（）"语句是循环语句。该语句执行时先判断括号内的条件，如果条件不是 0（即为真），条件满足就执行 while 的内部语句，否则跳出循环语句。注意：在 C 语言中一般把"0"认为是"假"，"非 0"认为是"真"。

使用 while（1）语句可以使单片机程序一直循环执行"P1＝0xaa;"语句。

程序 2：利用 for 语句编辑一个延时函数，并使用该延时函数让蜂鸣器交替响。

电路图如图 4-2 所示，由于单片机的引脚驱动能力有限，加三极管 9012 驱动蜂鸣器。实验时将蜂鸣器板连接到单片机上。也可以使用万能板自己焊接，如图 4-2（c）所示。

代码如下：

```
♯ include＜REGX51. H＞//51 单片机头文件
♯ define uint unsigned int
sbit FMQ＝P1^4；//定义引脚
```

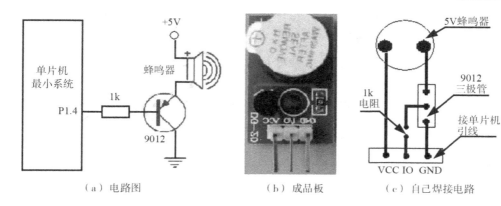

（a）电路图　　　　　　　　　（b）成品板　　　　　　（c）自己焊接电路

图 4-2　蜂鸣器电路图

```
void Delay _ xMs (uint x) //延时函数
{
    uint i，j；
    for ( i ＝0；i ＜ x；i＋＋ )
     {
        for ( j ＝0；j<110；j＋＋ )；
     }
}
void main () //主函数
{
    while (1) //循环执行
     {
     FMQ＝0；// 蜂鸣器响
     Delay _ xMs (1000)；// 延时，蜂鸣器响
     FMQ＝1；//蜂鸣器不响
     Delay _ xMs (1000)；//延时，蜂鸣器不响
     }
}
```

上面代码，关键部分多了 #define 语句、sbit 语句和延时函数。

小知识——#define 宏定义

　　格式：#define 新名称原内容。

　　注意后面没有分号，#define 命令用它后面的第一个字母组合代替该字母组合后面的所有内容，也就是相当于我们给"原内容"重新起一个比较简单的"新名称"，方便以后在程序中直接写简短的新名称，而不必每次都写烦琐的原内容。

　　"void Delay _ xMs（uint x）"是延时函数。函数中第一个 for 后面没有分号，那么编译器默认第二个 for 语句就是第一个 for 语句的内部语句，而第二个 for 语句的内部语句为

空。程序在执行时，每条语句都占用 CPU 的一段时间，通过这种嵌套可以写出比较长时间的延时语句。

上面程序中我们使用宏定义将 unsigned int 用 uint 代替，从程序中可以看到，当我们需要定义 unsigned int 型变量时，并没有写"unsigned int i，j；"，而是用"uint i，j；"代替。在一个程序代码中，只要宏定义过一次，那么在整个代码中都可以直接使用它的"新名称"。注意，对同一个内容，宏定义只能定义一次，若定义两次，将会出现重复定义的错误提示。

使用"sbit"关键字定义了 P1.4 位，定义后的名字为"FMQ"，这个名字是根据单片机电路的实际功能自己命名的，可以在程序中方便地使用。避免使用"P1_4"时不知道其含义。

程序 3：下面程序可以使 8 个发光二极管动起来，点亮顺序为 P1.0→P1.1→P1.2→P1.3→…→P1.7，并重复循环。电路图如图 4-1 所示。

编程方法同样使单片机引脚输出"0""1"逻辑电平。具体代码如下：

```
#include<REGX51.H>
#define uint unsigned int

void Delay_xMs (uintx) //延时函数
{
    uint i, j;
    for ( i=0; i<x; i++ )
     {
         for ( j=0; j<110; j++ );
     }
}

void main () //主程序实现跑马灯效果
{
    while (1)
     {

      P1 = 0xff;
      P1_0 = 0; //LED0 发光二极管亮
      Delay_xMs (100);

      P1 = 0xff;
      P1_1 = 0; //LED1 发光二极管亮
      Delay_xMs (100);
```

```
P1 = 0xff;
P1 _ 2 = 0; //LED2 发光二极管亮
Delay _ xMs (100);


P1 = 0xff;
P1 _ 3 = 0; //LED3 发光二极管亮
Delay _ xMs (100);


P1 = 0xff;
P1 _ 4 = 0; //LED4 发光二极管亮
Delay _ xMs (100);


P1 = 0xff;
P1 _ 5 = 0; //LED5 发光二极管亮
Delay _ xMs (100);


P1 = 0xff;
P1 _ 6 = 0; //LED6 发光二极管亮
Delay _ xMs (100);


P1 = 0xff;
P1 _ 7 = 0; //LED7 发光二极管亮
Delay _ xMs (100);


        }
    }
```

可以看出，程序中与硬件有关的语句有两类：

P1 = 0xff;

P1 _ ? = 0;

这就是该程序中最核心的语句。"P1 _ ? = 0;"是控制一个引脚输出，例"P1 _ 7 = 0;"语句的结果是 P1.7 的引脚输出逻辑 0。

实际编写单片机程序时，没有必要理解单片机内部是如何输出逻辑 0，1（既内部硬件），只需要理解什么时候应该输出逻辑 0，1（编程软件）。

实际工程中，我们需要分析工程的要求，然后根据工程要求分配单片机引脚。

下面的代码可以实现同样的效果：

＃include＜REGX51.H＞

```
#define uint unsigned int

void Delay_xMs (uint x) //延时函数
{
    ……
}

void main () //主程序实现跑马灯效果
{
    while (1)
     {

        P1 = 0xfe; //LED0 发光二极管亮
        Delay_xMs (100);

        P1 = 0xfd; //LED1 发光二极管亮
        Delay_xMs (100);

        P1 = 0xfb; //LED2 发光二极管亮
        Delay_xMs (100);

        P1 = 0xf7; //LED3 发光二极管亮
        Delay_xMs (100);

        P1 = 0xef; //LED4 发光二极管亮
        Delay_xMs (100);

        P1 = 0xdf; //LED5 发光二极管亮
        Delay_xMs (100);

        P1 = 0xbf; //LED6 发光二极管亮
        Delay_xMs (100);

        P1 = 0x7f; //LED7 发光二极管亮
        Delay_xMs (100);
    }
}
```

改一下

你能够将程序的点亮顺序改为 P1.7→P1.6→⋯⋯→P1.0 吗？

❋ 4.3 使用 C 语言高级语句控制引脚输出

实训题目：发光二极管流水灯程序

本程序主要练习写单片机的 I/O 口编程，将 C 语言的判断、循环语句与引脚输出结合起来。

下面程序可以同样实现跑马灯效果，程序清单如下：

#include<REGX51.H>

```
void Delay _ xMs (unsigned int x) //延时
{
    unsigned int i, j;
    for ( i =0; i < x; i++ )
     {
        for ( j =0; j<110; j++ );
     }
}


void main () /＊主程序，实现 LED 灯闪烁，亮 1 秒灭 1 秒＊/
{unsigned char i, a;
    while (1)
      {
       a=0x01;
       for (i=0; i<8; i++)
         {
            Delay _ xMs (1000); //延时 1 秒钟
            P1 = ~ (a<<i); //LED 发光二极管亮
         }
      }
}
```

程序中关键语句是"P1 = ~ (a<<i);"，语句中变量"a"的初始值是 0x01（二进制是 0000 0001），经过"a<<i"运算后向左移 i 位，如 i 值是 3 时，运算后结果是"0000 1000"。"~"是取反运算符，"0000 1000"取反后结果是"1111 0111"，这样在实验板上第四个灯亮。

程序中使用了循环语句，循环执行 8 次，每次输出就点亮一个发光二极管。循环语句代替了原来的单独输出，程序易读、简短。

小提示

本实训题目主要是理解单片机引脚的输入输出功能。记住单片机的引脚输出只有0，1两种逻辑状态。逻辑"0"的电压值是0，逻辑"1"的电压值是5V。

P1～P3口电平的高低是由单片机程序控制的，不必要去追究为什么这样控制。例如当编程写入P1＝0xFF，那P1口就全部是高电平；当写入P1＝0x00，那P1口就全部是低电平。

将程序改为蛇形跑马灯花样

所谓蛇形花样，就是指跑马灯显示花样像一条蛇，即4个灯不停地向一个方向游走。

❋ 4.4 单片机引脚信号的读出

项目名称：独立式按键键盘接口设计

本例程通过读出按键信息，练习C51程序如何读单片机的I/O口，理解如何从外围电路接收逻辑信息。

在单片机应用系统中，为了向控制系统输入控制命令，经常使用按键。键盘实际上就是一组按键，在单片机外围电路中，通常用到的按键都是机械弹性开关，当开关闭合时，线路导通，开关断开时，线路断开。根据按键的排列方式不同，可分为独立式按键键盘和矩阵式键盘两种。

1. 独立式按键键盘

独立式按键是直接用I/O口的一根线与一个按键相连，每根I/O口的按键状态不影响其他I/O口按键的状态。图4-3所示为具有3种独立按键的键盘系统。当某个键按下时，对引脚读出的逻辑值为"0"，未按下键时读出的逻辑值为"1"。C51使用"key = P1;"或"key = P1_1;"语句即可读出P1口的逻辑值，并根据该值可知按键的状态。

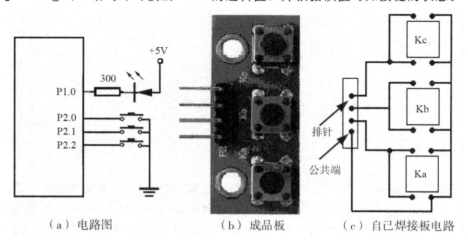

（a）电路图　　　　　　（b）成品板　　　　　（c）自己焊接板电路

图 4-3　独立式按键键盘

下面是 3 个按键控制一个发光二极管的程序。每个按键按下后，发光二极管闪烁速度都在变化。

```
#include <AT89X51.H>
unsigned char count=0; //定义发光二极管的闪烁时间
sbit LED=P1^0; //定义发光二极管的名字


void Delay_xMs (unsigned int x) //延时函数
{
    unsigned int i, j;
    for ( i =0; i < x; i++ )
     {
        for ( j =0; j<110; j++ );
     }
}


voidkey () //检测按键状态函数
{ //按键状态的不同，返回的 count 值也不同
  if ( (P2 & 0x07) ==0x07) count=0; //没有按键按下
  if (P2_0==0) count=1; // P2_0 按键被按下
  if (P2_1==0) count=2; // P2_1 按键被按下
  if (P2_2==0) count=3; // P2_2 按键被按下
}


void main (void)
{
    while (1)
     {
    key (); //
    if (count! = 0) //当有按键按下时
      { //发光二极管闪烁，闪烁时间由 count 决定
        LED=1; //发光二极管灭
        Delay_xMs (count * 1000); //保持发光二极管灭状态
        LED=0; //发光二极管亮
        Delay_xMs (count * 1000); //保持发光二极管亮状态
      }
     }
}
```

从实验结果可以看出，有按键按下时二极管就会发光，但按键不一样发光的时间不同。实验说明，单片机可以读取按键引脚的逻辑状态。

读取按键的原理如图 4-4 所示。在单片机 P2 端口的每个引脚已经有上拉电阻，当按键没有按下时，由于有上拉电阻单片机引脚读出的逻辑值是"1"。当按键被按下时，单片机引脚电平通过按键接 GND 电平，此时读出的逻辑值是"0"。

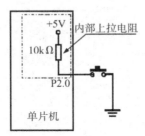

图 4-4　读取按键原理图

小知识——单片机的按键是否需要外接上拉电阻

许多教材的按键电路图是在按键的引脚上加了一个上拉电阻，这样的电路是没错的。但实际工程中没有必要这样做，因为单片机在 P1、P2、P3 端口的内部已经有上拉电阻。P0 口没有内部的上拉电阻，因此一般设计电路板时加上排阻作为上拉电阻。

实际工程中，经常将读取按键状态的过程编辑成函数。下面是按键有返回值的代码：

```
#include <AT89X51.H>
unsigned charmm key () //检测按键状态函数
{
  unsigned char count; //定义按键返回值
  //按键状态的不同，返回的 count 值也不同
  if ((P2 & 0x07)!=0x07) //表示有按键按下
   {
    if (P2_0==0) count=1; //P2_0 按键被按下
    if (P2_1==0) count=2; //P2_1 按键被按下
    if (P2_2==0) count=3; //P2_2 按键被按下
   }
  else
  count=0; //没有按键按下返回值
  return count;
}
void main (void)
{
    unsigned charmm
      while (1)
```

```
    {
    mm＝key ()；//读取按键的值
    }
}
```

2. 按键的抖动问题

实际编程时需要注意按键的抖动问题。通常所用的按键为轻触机械开关，正常情况下按键的接点是断开的。当我们按压按钮时，由于机械触点的弹性作用，一个按键开关在闭合时不会马上稳定地接通，在断开时也不会一下子断开。时序如图 4-5 所示，抖动时间的长短由按键的机械特性及操作人员按键动作决定，一般为 5～20ms；按键稳定闭合时间的长短是由操作人员的按键按压时间长短决定的，一般为零点几秒至数秒不等。

图 4-5　按键开关的抖动

可以通过修改程序，消除抖动的影响。例如：

```c
#include <AT89X51.H>
unsigned char count＝0;//定义二极管闪烁时间
sbit LED＝P1^0;//定义发光二极管的名字

void Delay _ xMs (unsigned int x) //延时函数
{
    unsigned int i, j;
    for ( i ＝0; i＜ x; i＋＋ )
     {
        for ( j ＝0; j＜110; j＋＋ );
     }
}

unsigned charmm key () //检测按键状态函数
{
    unsigned char count;//定义按键返回值
    //按键状态的不同，返回的 count 值也不同
```

```
    if ( (P2 & 0x07)! =0x07) //表示有按键按下
      {
        Delay _ xMs (5); //延时一段时间，去抖动
        if (P2 _ 0==0) count=1; // P2 _ 0 按键被按下
        if (P2 _ 1==0) count=2; // P2 _ 1 按键被按下
        if (P2 _ 2==0) count=3; // P2 _ 2 按键被按下
      }
    else
    count=0; //没有按键按下返回值
    return count;
}


void main (void)
{unsigned charmm;
    while (1)
      {
        mm=key (); //读取按键的值
        if (mm ! = 0) //当有按键按下时
          { //发光二极管闪烁，闪烁时间由 mm 决定
            LED=1; //发光二极管灭
            Delay _ xMs (mm * 1000); //保持发光二极管灭状态
            LED=0; //发光二极管亮
            Delay _ xMs (mm * 1000); //保持发光二极管亮状态
          }
      }
}
```

程序中多了一条语句"Delay _ xMs（5）；//延时一段时间，去抖动"。功能是检测出有按键按下时，延时一段时间，达到按键去抖动效果。

3. 矩阵式按键键盘

当键盘中按键数量较多时，为了减少 I/O 口的占用，通常将按键排列成矩阵形式。矩阵式按键键盘是指按键排成行和列，按键在行列交叉处，两端分别与行线和列线相连，这样 i 行 j 列可连 $i * j$ 个按键，但只需要 $i+j$ 条接口线。图 4-6 所示为 4 行 4 列的矩阵式按键键盘。

矩阵式结构的键盘要复杂一些。列线需通过电阻接正电源，并将行线所接的单片机的 I/O 口作为输出端，而列线所接的 I/O 口则作为输入端（相当于编程控制的接地端）。这样，当按键没有按下时，所有的输出端都是高电平，代表无键按下。行线输出是低电平，一旦有键按下，则输入线就会被拉低，这样，通过读入输入线的状态就可得知是否有键

按下。

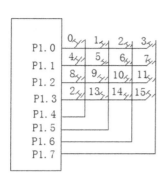

图 4-6　阵列式按键

本实训 P1 口用作键盘的 I/O 口，键盘的列线接到 P1 口的低 4 位，键盘的行线接到 P1 口的高 4 位。列线 P1.0～P1.3 分别接有 4 个上拉电阻到正电源＋5V，并把列线 P1.0～P1.3 设置为输入线，行线 P1.4～P1.7 设置为输出线。4 根行线和 4 根列线形成 16 个相交点，接 16 个按键。

图 4-7 所示是读取阵列按键状态程序的流程图。

程序代码如下：

```
#include <REGX51.H>
#define key1P1_4//键盘定义
#define key2P1_5
#define key3P1_6
#define key4P1_7
void Delay_xMs(unsigned int x) //延时函数
{
    unsigned int i, j;
    for (i=0; i<x; i++)
     {
        for (j=0; j<110; j++);
     }
}
unsigned char keyb()
{
    unsigned char key, keytmp;
    key1 = 1; //将输出线拉高
    key2 = 1;
    key3 = 1;
    key4 = 1;
```

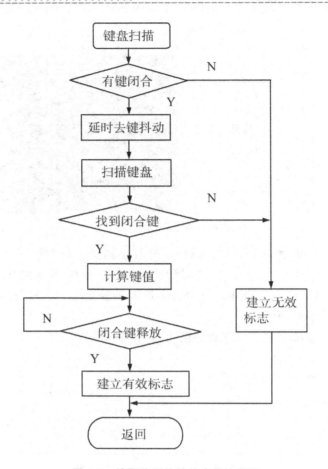

图 4-7　读取阵列按键状态的流程图

```
key = P1; //读回来
key = key & 0xf0; //获得键盘结果
if (key == 0xf0) return 0; //如果用户没有按键返回 0
else
 {
  keytmp = key;
  delay (1);                 //判断是不是干扰
  key = P1 & 0xf0;
  if (key ! = keytmp ) return 0; //是干扰，返回 0
  else                        //不是干扰，等待用户释放按键
 {
        do {
          key1 = 1; //输出拉高
          key2 = 1;
```

```
                    key3 = 1;
                    key4 = 1;
                    key = P1 & 0xf0; //读回来
              } while (key ！= 0xf0); //等待用户释放
                switch (keytmp)
                  {
                        case 0x70：return 1; //返回用户按键结果
                        case 0xb0：return 2;
                        case 0xd0：return 3;
                        case 0xe0：return 4;
                  }
              }
          }
      }
}
void main ()
{
      unsigned char keym =0; //键盘返回结果的缓冲区
      while (1) //设置一个无限制循环
        {
            keym = keyb (); //得到按键结果
            …… //根据按键，处理事务
        }
}
```

✲ 4.5 LED 数码管显示技术

本单元主要通过单片机动态数码显示的编程，理解如何将 C 语言与单片机外围器件的编程联系起来。

在单片机系统中，通常用 LED 数码管来显示各种数字或符号。由于它具有显示清晰、亮度高、使用电压低、寿命长的特点，使用非常广泛。

图 4-8 所示是几个数码管的图片，有单位数码管、双位数码管、四位数码管，另外还有右下角不带点的数码管，还有"米"字数码管等。

不管将几位数码管连在一起，其显示原理都是一样的，是通过点亮内部的发光二极管来发光。数码管的结构如图 4-9 所示，由 7 个条形发光二极管和 1 个小圆点发光二极管组成。

根据发光二极管的接线形式，可分成共阴极型和共阳极型。共阴数码管是指将所有发光二极管的阴极接到一起。共阴数码管在应用时应将公共极 com 接到地线 GND 上，当某一字段发光二极管的阳极为高电平时，相应字段就点亮。共阳数码管是指将所有发光二极管的阳极接到一起。共阳数码管在应用时应将公共极 com 接到＋5V，当某一字段发光二极管的阴极为低电平时，相应字段就点亮。

图 4-8 几个数码管实物图

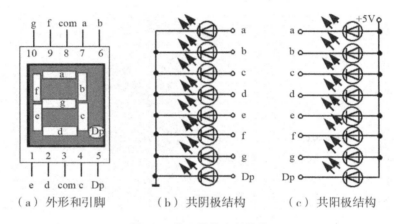

（a）外形和引脚　　　　（b）共阴极结构　　　　（c）共阳极结构

图 4-9 数码管的内部结构

图 4-10 所示是数码管静态显示的接口电路，共阳极数码管的段码由 P1 口来控制，com 端接＋5V 电源。将单片机 P1 口的 P1.0～P1.7 8 个引脚依次与数码管的 a、b、…、f、dp 8 个段控制引脚相连接。要显示数字"0"，则数码管的 a、b、c、d、e、f 6 个段应点亮，其他段灭，需向 P1 口传送数据 11 000000B（即 C0H），该数据就是与字符"0"相对应的共阳极字型编码。

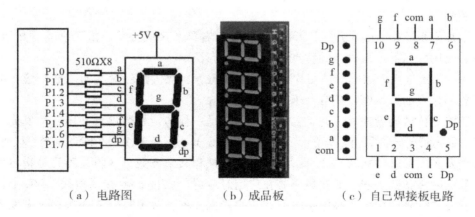

（a）电路图　　　　　　（b）成品板　　　　　　（c）自己焊接板电路

图 4-10 数码管静态显示接口电路

若共阴极的数码管，com 端接地。要显示数字"1"，则数码管的 b、c 两段点亮，其他段灭，需向 P1 口传送数据 00000110（即 06H），这就是字符"1"的共阴极字型码了。表 4-3 是共阴极数码管的字型编码，该编码只对图 4-10 的连接电路适用，如果数码管的引脚与单片机的引脚连接顺序有改变，那么字型编码需要改变。

表 4-3 共阴极的字形编码

"0"	3FH	"8"	7FH
"1"	06H	"9"	6FH
"2"	5BH	"A"	77H
"3"	4FH	"b"	7CH
"4"	66H	"C"	39H
"5"	6DH	"d"	5EH
"6"	7DH	"E"	79H
"7"	07H	"F"	71H

1. LED 数码管的静态显示

静态显示是指当数码管显示某一字符时，相应的发光二极管恒定导通或恒定截止。如图 4-10 所示，各位数码管的公共端恒定接地（共阴极数码管）或+5 V 电源（共阳极数码管）。每个数码管的 8 个段控制引脚分别与一个 8 位 I/O 端口相连。只要 I/O 端口有显示字型编码输出，数码管就显示对应字符，并保持不变。P1 端口输出不同的编码，数码管就能显示不同的字符。

程序 1：下面语句可以实现数码管静态显示。

```
#include<REGX51.H>//51 单片机头文件
#define uint unsigned int
#define ucharunsigned char
//显示编码
uchar code table [] =
{0xc0，0xf9，0xa4，0xb0，0x99，0x92，0x82，0xf8，0x80，0x90};
void Delay _ xMs (uint x) //延时函数
{
    ......
}
void main ( )
{
    uchar num；
    while (1)
     {
      for (num=0；num<6；num++)
```

```
    {
        P1＝table [num]；//显示 0～5
        Delay _ xMs (1000)；//延时
    }
  }
}
```

可以看出，数码显示与前面的发光二极管的实验程序类似，不同之处是显示时 P1 口需要送出特定的编码。为了使数码管的 8 个发光二极管能够显示出相应的字符，需要编程控制 8 个发光二极管的亮灭状态，即需要送出 table [] 数组定义的编码。

注意：table [] 数组定义的编码与实际电路有关，即数码管引脚与单片机引脚的连接顺序不一样，编码就不一样。

小知识—— "code" 关键词的具体应用

程序中 "uchar code table [] ＝ {……}" 语句是数码管编码的定义。

编码定义方法与 C 语言中的数组定义方法非常相似，不同的地方就是在数组类型后面多了一个 "code" 关键字，code 即表示编码的意思。

单片机 C 语言中定义数组时是要占用内存空间的，而使用 "code" 关键字定义编码时数据被直接分配到程序空间中，编译后编码占用的是程序存储空间，而非内存空间。但是 code 关键字定义的变量只能读，不能修改。

51 单片机只有 128 个内存字节供我们进行变量定义使用，因此单片机的内存空间是宝贵的。超过 128 个变量编译程序会报错。但 51 单片机有 4096 个字节的程序存储空间供我们使用，相对内存空间来说程序存储空间要大得多。因此对于液晶的汉字点阵的定义、数码管显示编码的定义、查表计算内容的定义，一般使用 code 关键字，因为定义后无须改变其内容。

2. LED 数码管的动态显示

图 4-11 给出了用动态显示方式点亮 4 个共阳极数码管的电路。图中将各个共阳极数码管对应的段选控制端并联在一起，仅用一个 P1 口控制。为了增加驱动能力，用八路同相三态缓冲器/线驱动器 74LS245 驱动。各位数码管的公共端，也称做 "位选端"，由 P2 口控制，用六路反相驱动器 74LS04 驱动。

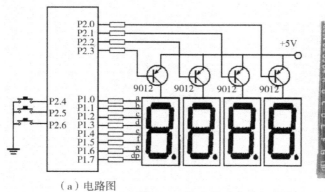 

（a）电路图　　　　　　　　　　　　　　　　（b）成品板

图 4-11　数码管动态显示电路图

动态显示是一种按位轮流点亮每位数码管的显示方式，即需要一个接口完成字形码的输出（字形选择），另一接口完成各数码管的轮流点亮（数位选择）。

在某一时段，只让其中一位数码管的"位选端"有效，并送出相应的字型显示编码，此时其他位的数码管因"位选端"无效而都处于熄灭状态。下一时段按顺序选通另外一位数码管，并送出相应的字型显示编码。按此规律循环下去，即可使各位数码管分别间断地显示出相应的字符。当循环显示频率较高时，利用人眼的暂留特性，看不出闪烁显示现象。4 位数码管显示"0123"的程序如程序 2、程序 3 所示。

数码管动态扫描的含义

所谓数码管动态扫描显示，是轮流向各位数码管送出字形码和相应的位选，利用发光二极管的余辉和人眼视觉暂留作用，使人的感觉好像各位数码管同时都在显示，而实际上多位数码管是一位一位轮流显示的，只是轮流的速度非常快，人眼已经无法分辨。

程序 2:

```c
#include <REGX51.H>
#define uint unsigned int
#define ucharunsigned char


uchar code table [] = {0xc0, 0xf9, 0xa4, 0xb0, 0x99, 0x92, 0x82, 0xf8,
0x80, 0x90}; //显示字型码
uchar code select [] = {0xfe, 0xfd, 0xfb, 0xf7}; //数码管位选


void Delay_xMs (unsigned int x) //延时
{
    uint i, j;
    for ( i =0; i < x; i++ )
      {
        for ( j =0; j<110; j++ );
      }
}


void main (void)
{
    while (1)
      {
        for (i=0; i<4; i++)
          {
            P2= select [i]; //位选码送 P2 口
```

```
        P1＝table［i］；//字型码送 P1 口
        Delay _ xMs（1500）；//延时 1500ms
      }
    }
  }
```

程序 2 的执行结果是第一个数码管显示 1，时间为 1.5s，然后关闭它，立即让第二个数码管显示 2，时间为 1.5s。再关闭它……一直到最后一个数码管显示 4，时间同样为 1.5s。然后再进行同样的下一轮显示，并一直循环下去。

上面的代码实现了题目的要求，但还没有体现出来我们本节的重点。将最后一条语句"Delay _ xMs（1500）"修改为"Delay _ xMs（100）"，即将每个数码管点亮的时间缩短到 100ms，编译并下载到单片机。可看见数码管变换显示的速度快多了。我们再将延时的时间缩短至 10ms，此时已经可隐约看见 4 个数码管上同时显示着数字"123456"字样，但是看上去有些闪烁。我们再将延时时间缩短至 1ms，这时 4 个数码管上显示没有闪烁感，清晰地显示着"1234"。具体代码如程序 3 所示。

程序 3：

```
# include＜REGX51. H＞
# define uint unsigned int
# define ucharunsigned char

uchar code table［］＝ ｛0xc0，0xf9，0xa4，0xb0，0x99，0x92，0x82，0xf8,
0x80，0x90｝；//显示字型码
uchar code select［］＝ ｛0xfe，0xfd，0xfb，0xf7｝；//数码管位选

void Delay _ xMs（unsigned int x）//延时
{
    uint i，j；
    for（ i ＝0；i ＜ x；i＋＋）
      {
       for（ j ＝0；j＜110；j＋＋）；
      }
}
void main（void）
{
    while（1）
      {
        for（i＝0；i＜4；i＋＋）
          {
```

```
        P2= select [i]；//位选码送 P2 口
        P1=table [i]；//字型码送 P1 口
        Delay _ xMs (1)；//延时 1ms
        }
    }
}
```

通过上面两个程序，可以知道动态扫描显示即是轮流向各位数码管送出字形码和相应的位选，利用发光管的余辉和人眼视觉暂留作用，使人感觉好像各位数码管同时都在显示，而实际上多位数码管是一位一位轮流显示的，只是轮流的速度非常快，人眼已经无法分辨出来。当然，每秒扫描的次数越多显示的视觉效果越好，但扫描的次数越多需要的 CPU 资源越多，实际工程中每秒扫描 25 次以上效果就可以了。

与静态显示方式相比，当显示位数较多时，动态显示方式可节省 I/O 端口的资源，硬件电路简单，但其显示的亮度低于静态显示方式。由于 CPU 要不断地依次运行扫描显示程序，将占用 CPU 更多的时间。

3. LED 数码管在单片机工程中的实际应用

图 4-11 中，引脚 P2.4、P2.5、P2.6 接 3 个按键，分别是加一、减一、复位按键，结果显示到数码管上。

程序 4：

```
＃include＜REGX51.H＞
＃define uint unsigned int
＃define ucharunsigned char

sbit _ Speak = P3^2；//对应 CPU 管脚 P3.2

uchar code table [] = {0xc0, 0xf9, 0xa4, 0xb0, 0x99, 0x92, 0x82, 0xf8,
0x80, 0x90}；//显示字型码
uchar code select [] = {0xfe, 0xfd, 0xfb, 0xf7}；//数码管位选

void Delay _ xMs (unint x) //1ms 延时函数
{
    uint i, j；
    for ( i =0；i＜x；i++ )
      {
        for ( j =0；j＜113；j++ )；
      }
}
```

```
//数码管显示子程序，输入一个十进制数，在4位数码管上显示出该数
void show (uintdat)
{//将输入数分解成个、十、百、千位，显示到对应的数码管上
    uchar temp;
    uchar k;
    k=dat;
    P2= select [0]; //位选码送P2口，千位数码管
    temp=k/1000; //获得千位值
    P1=table [temp];
    Delay _ xMs (1);

    k=k%1000; //k最高位是百位
    P2= select [1]; //位选码送P2口，百位数码管
    temp=k/100; //获得百位值
    P1=table [temp];
    Delay _ xMs (1);

    k=k%100; //k最高位是十位
    P2= select [2]; //位选码送P2口，十位数码管
    temp=k/10; //获得十位值
    P1=table [temp];
    Delay _ xMs (1);

    P2= select [3]; //位选码送P2口，个位数码管
    temp=dat%10; //获得个位值
    P1=table [temp];
    Delay _ xMs (1);
}

void main ()
{
    uintcount=1111;
    while (1)
     {
       if (P2 _ 4==0) count++;
       if (P2 _ 5==0) count--;
       if (P2 _ 6==0) count=1111;
```

```
        for（j＝0；j＜20；j＋＋）show（i）；//调用显示十进制数函数 20 次
    }
}
```

程序中，将显示功能编成函数"void show（uintdat）"。使用函语句"temp＝k/100；k＝k％100；"将一个 4 位的十进制数分解成 4 个 1 位的十进制数，并分时动态显示在 4 个数码管上。

❀ 4.6　根据 LCD1602 液晶的时序图进行编程

实训名称：LCD 液晶显示技术

实训目的：以液晶为例，练习根据器件的时序图进行编程

在日常生活中，液晶模块已作为很多电子产品的显示器件，应用在计算器、万用表、电子表等很多电子产品中。它不仅省电，而且能够显示大量的信息，如文字、曲线、图形等，其显示效果与数码管相比较有了很大的提高。下面以常见的字符液晶模块 LCD1602 为例来介绍液晶模块。

LCD1602 是可以用来显示字母、数字、符号等的点阵型液晶显示模块，提供 5 * 7 点阵的显示模式。提供显示数据缓冲区 DDRAM、字符发生器 CGROM 和字符发生器 CGRAM。大多数 LCD1602 液晶是基于 HD44780 液晶芯片的，控制原理也完全相同。

1. LCD1602 与单片机的连接电路

字符点阵液晶显示模块有 16 个引脚，如图 4-12 所示。主要技术参数如下：显示容量为 16×2 个字符，芯片工作电压为 4.5～5.5V，工作电流为 2.0mA，字符尺寸为 2.95mm×4.35mm。

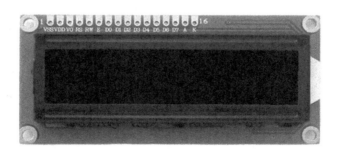

图 4-12　LCD1602 液晶

引脚的功能含义如表 4-4 所示。

表 4-4　LCD1602 液晶显示模块引脚的功能含义

引脚	名称	功能描述
1	Vss	电源地引脚
2	Vdd	+5V 电源引脚，接 5V 正电源
3	Vo	液晶显示器对比度调整端（0～5 V），接正电源时对比度最弱，接地时对比度最高。使用时可以通过一个 10kΩ 的电位器调整对比度
4	RS	数据和指令选择控制端。RS=0，命令输出；RS=1，数据输入/输出
5	R/W	读写控制信号线，R/W =0 时进行写操作，R/W =1 时进行读操作。当 RS 和 R/W 都为低电平时可以写入指令或者显示地址。当 RS=0 且 R/W=1 时可以读忙信号，当 RS=0 且 R/W=0 时可以写入数据
6	E	数据读写操作控制位，当 E 端由高电平跳变成低电平时，液晶模块执行命令
7～14	DB0～DB7	8 位双向数据线
15	A	背光源正极
16	K	背光源负极

液晶与单片机的连接电路如图 4-13 所示。

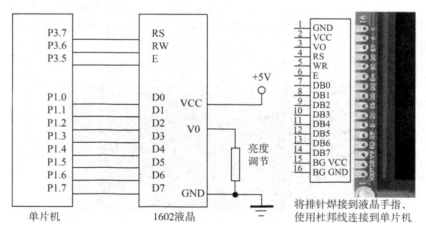

图 4-13　液晶与单片机的连接电路

2. LCD1602 的基本操作

单片机对 LCD1602 的基本操作主要有 3 种，由 LCD1602 的三个引脚 RS、R/W 和 E 的状态确定，如表 4-5 所示。

表 4-5　LCD1602 的基本操作

操作	RS	R/W	描述
写命令	00	0	命令代码从 D0～D7 写入液晶,用于液晶的初始化、清屏、光标定位等
读状态	0	1	从 D0～D7 读出状态字,状态字的高位是忙标志。当忙标志为"1"时,表明 LCD 正在进行内部操作,此时不能进行其他读写操作
写数据	1	0	单片机向液晶写入要显示的内容,液晶改变显示内容

(1) 向 LCD 写一字节命令的操作时序,如图 4-14 所示。

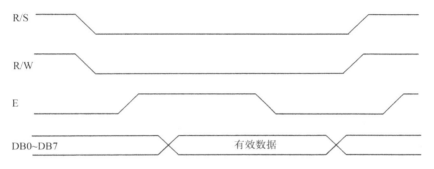

图 4-14　LCD 写命令操作时序

根据上面的时序图,可以得出下面的函数:

```
void wr_lcd_comm (uchar content) //写命令
{
    LCD_check_busy ();
    rs=0;
    rw=0; //命令代码准备写入液晶
    P1=content; //单片机的引脚准备好输出的命令
    e=1;
    delay (1); //延时函数
    e=0; //E 端由高电平跳变成低电平,液晶执行命令
}
```

LCD1602 液晶模块内部的控制器共有 11 条控制指令,如表 4-6 所示。

表 4-6　字符型 LCD 的命令字

序号	指令	RS	R/W	D7	D6	D5	D4	D3	D2	D1	D0
1	清显示	0	0	0	0	0	0	0	0	0	1
2	光标返回	0	0	0	0	0	0	0	0	1	*
3	置输入模式	0	0	0	0	0	0	0	1	I/D	S
4	显示开/关控制	0	0	0	0	0	0	1	D	C	B
5	光标或字符移位	0	0	0	0	0	1	S/C	R/L	*	*
6	置功能	0	0	0	0	1	DL	N	F	*	*
7	置字符发生存储器地址	0	0	0	1	字符发生存储器地址					
8	置数据存储器地址	0	0	1	显示数据存储器地址						
9	读忙标志或地址	0	1	BF	计数器地址						
10	写数到 CGRAM 或 DDRAM	1	0	要写的数据内容							
11	从 CGRAM 或 DDRAM 读数据	1	1	读出的数据内容							

命令解释如下：

指令 1：清显示，指令码 01H，光标复位到地址 00H 位置。

指令 2：光标复位，光标返回到地址 00H。

指令 3：光标和显示模式设置。I/D：光标移动方向，高电平右移，低电平左移。S：屏幕上所有文字是否左移或者右移。高电平表示有效，低电平则无效。

指令 4：显示开/关控制。D：控制整体显示的开与关，高电平表示开显示，低电平表示关显示。C：控制光标的开与关，高电平表示有光标，低电平表示无光标。B：控制光标是否闪烁，高电平闪烁，低电平不闪烁。

指令 5：光标或显示移位。S/C：高电平时移动显示的文字，低电平时移动光标。"R/L"为左移、右移控制位，R 是右移、L 是左移。

指令 6：功能设置命令。DL：高电平时为 4 位总线，低电平时为 8 位总线。N：低电平时为单行显示，高电平时双行显示。F：低电平时显示 5×7 的点阵字符，高电平时显示 5×10 的点阵字符。

指令 7：字符发生器，RAM 地址设置。

指令 8：DDRAM 地址设置。

指令 9：读忙信号和光标地址。BF：为忙标志位，高电平表示忙，此时模块不能接收命令或者数据，如果为低电平表示不忙。

指令 10：写数据。

指令 11：读数据。

(2) 向 LCD 写一字节数据的操作时序，如图 4-15 所示。

根据此时序图，可以得出下面的函数：

```
void wr _ lcd _ dat (uchar content) //写数据
{
    LCD _ check _ busy ();
    rs＝1;
```

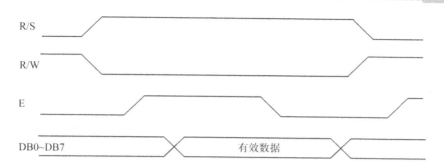

图 4-15　LCD 写一字节数据的操作时序

rw＝0；//数据代码准备写入液晶

P1＝content；//单片机的引脚准备好输出的数据

e＝1；

delay（1）；//延时函数

e＝0；//E 端由高电平跳变成低电平，液晶改变显示内容

}

（3）从 LCD 读液晶状态操作时序，如图 4-16 所示。

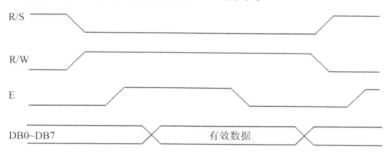

图 4-16　从 LCD 读液晶状态操作时序

从 D0～D7 读出的状态字，状态字的高位是忙标志。当忙标志为"1"时，表明 LCD 正在进行内部操作，此时不能进行其他读写操作。根据上面的时序图可以得到下面的检查忙函数。

```
void LCD _ check _ busy () //检查液晶忙函数 *
{
    do
     {
     rs＝0；
     rw＝1；//准备读出液晶状态
     P1＝0xff；
     e＝1；
     delay（1）；//延时函数
```

```
    e=0；//E端由高电平跳变成低电平，向液晶写入命令
  } while (P1^7==1)；//单片机的引脚准备好输出的数据

}
```

3. LCD1602 的显示原理

LCD1602 可以显示内部常用字符（包括阿拉伯数字、英文字母大小写、常用符号、日文假名等），也可以显示自定义字符（单或多个字符组成的简单汉字、符号、图案等，最多可以产生 8 个自定义字符）。

LCD1602 内置了 DDRAM、CGROM 和 CGRAM。

DDRAM 就是显示数据 RAM，用来寄存待显示的字符代码。共 80 个字节，其地址和屏幕的对应关系如表 4-7 所示。

表 4-7　DDRAM 地址与显示位置的对应关系

显示位置		1	2	3	4	5	6	7	…	40
DDRAM 地址	第一行	00H	01H	02H	03H	04H	05H	06H	…	27H
	第二行	40H	41H	42H	43H	44H	45H	46H	…	67H

编程时如果要在 LCD1602 屏幕的第一行第一列显示一个"A"字，就要向 DDRAM 的 00H 地址写入"A"字的代码。

在 LCD 模块内固化了字模存储器，就是 CGROM 和 CGRAM。液晶内置了 192 个常用字符的字模，存于字符产生器 CGROM（Character Generator ROM）中，另外还有 8 个允许用户自定义的字符产生 RAM，称为 CGRAM（Character Generator RAM）。表 4-8 所示说明了 CGROM 和 CGRAM 与字符的对应关系。

表 4-8　CGROM 和 CGRAM 与字符的对应关系

字符代码 0x00～0x0F 为用户自定义的字符图形 RAM（对于 5×8 点阵的字符，可以存放 8 组，5×10 点阵的字符，存放 4 组），就是 CGRAM 了。0x20～0x7F 为标准的 ASCII 码，0xA0～0xFF 为日文字符和希腊文字符，其余字符码（0x10～0x1F 及 0x80～0x9F）没有定义。

从表 4-7 中可以看出，"A"字对应上面的高位代码为 0100，对应左边低位代码为 0001，合起来就是 01000001（即 41H）。

对于表中 0x20～0x7F 的代码，因为是标准的 ASCII 码，因此使用 C51 语句向液晶的 DDRAM 写字符代码数据时可以直接用 P1＝'A'这样的语句。Keil C 在编译时就把"A"自动转为 41H。

4. LCD1602 的初始化

LCD 上电时，都必须按照一定的时序对 LCD 进行初始化操作，主要任务是设置 LCD 的工作方式、显示状态、清屏、输入方式、光标位置等。代码如下：

```
void init _ lcd (void)
{
    e＝0；
    wr _ lcd _ comm (0x01)；//清屏，数据指针清 0 地址指针指向 00H
    wr _ lcd _ comm (0x06)；//光标的移动方向，写一个字符后地址指针加 1
    wr _ lcd _ comm (0x0c)；//设置开显示，不显示光标
    wr _ lcd _ comm (0x38)；//设置 16×2 显示，5×7 点阵，8 位数据接口
}
```

5. 显示光标定位函数（其中 posx、posy 是显示字符的位置坐标）

```
void LocateXY ( char posx, char posy)
{
    unsigned char temp；
    temp ＝ posx & 0xf；
    posy &＝ 0x1；
    if ( posy ) temp ｜＝ 0x40；
    temp ｜＝ 0x80；
    wr _ lcd _ comm (temp)；
}
```

6. LCD1602 的显示字符

下面是在指定位置显示出一个字符的函数，其中 Wdata 是字符的。

```
void DispOneChar (Uchar x, Uchar y, Uchar Wdata)
{

    LocateXY ( x, y)；// 定位显示地址
    wr _ lcd _ dat (Wdata)；// 写字符

}
```

7. 编程

实现在 1602 液晶的第一行显示"GOOD LUCK"，在第二行显示"12345678"，程序

代码如下：

```
# include <REGX51. H>
unsignedchar code table [] =" GOOD LUCK";
unsigned char code tablel [] =" 1234567";
unsigned char num;
sbit e = P3^2; //input enable;
sbit rw = P3^1; //H=read; L=write;
sbit rs = P3^0; //H=data; L=command;
void delay (unsigned int z)
{
    unsigned int x, y;
    for (x=z; x>0; x——)
    for (y=110; y>0; y——);
}
LCD _ check _ busy ()
{
}
wr _ lcd _ comm (uchar content)
{
}
wr _ lcd _ dat (uchar content)
{
}
void LocateXY ( char posx, char posy)
{
}
void DispOneChar (Uchar x, Uchar y, Uchar Wdata)
{
}
void main ()
{
    delay (50); // 启动时必须延时，等待 LCD 进入工作状态
    init _ lcd ();
    while (1)
     {
```

```
write_com (0x80)；//光标位置定在第一行第一列
for (num=0；num<9；num++)
{
write_data (table [num])；
delay (5)；
}
wr_lcd_comm (0x80+0x40)；//光标位置定在第二行第一列
for (num=0；num<7；num++)
{
wr_lcd_dat (table1 [num])；
delay (5)；
}
}
}
```

改一下程序

　　编程实现第一行从右侧移入"Hello everyone!"，同时第二行从右侧移入"Welcome to here!"，移入速度自定。

❊ 4.7　根据说明书对 128×64 汉字液晶进行编程

4.7.1　128×64 汉字液晶的说明书

1. 现在常用的是 12864 汉字液晶，多是 ST7920 及兼容芯片的液晶

　　该液晶内部含有国标一级、二级简体中文字库，内置国标 8192 个 16×16 点阵的汉字和 128 个 16×8 点阵的 ASCII 字符集。提供两种界面来连接微处理器，即 8 位并行方式以及串行连接方式。利用该模块灵活的接口方式和简单、方便的操作指令，可构成全中文人机交互图形界面。液晶使用低电源电压（VDD：+3.0~+5.5V）。

　　液晶显示界面如图 4-17 所示。

图 4-17　128×64 汉字液晶界面

2. 模块接口说明

12864 液晶有 20 个引脚，各引脚的功能描述如表 4-9 所示。

表 4-9　12864 液晶引脚的描述

引脚号	引脚名称	电平	引脚功能描述
1	VSS	0V	电源地
2	VCC	3.0+5V	电源正
3	V0	—	对比度（亮度）调整
4	RS（CS）	H/L	数据、命令选择端，RS＝"H"表示显示数据，RS＝"L"，表示显示指令
5	R/W（SID）	H/L	读写控制信号，或串行数据输入
6	E（SCLK）	H/L	使能信号
7～14	DB0～DB7	H/L	三态数据线
15	PSB	H/L	H：8 位或 4 位并口方式，L：串口方式
16	NC	—	空脚
17	/RESET	H/L	复位端，低电平有效
18	VOUT	—	LCD 驱动电压输出端
19	A	Vdd	背光源正端（+5V）
20	K	Vss	背光源负端

控制器接口信号说明：

（1）RS，R/W 的配合选择决定控制界面的 4 种模式，如表 4-10 所示。

表 4-10　对液晶的读写控制

RS	R/W	功能说明
L	L	MPU 写指令到指令暂存器（IR）
L	H	读出忙标志（BF）及地址记数器（AC）的状态
H	L	MPU 写入数据到数据暂存器（DR）
H	H	MPU 从数据暂存器（DR）中读出数据

（2）E 信号是使能信号，当 E 的引脚逻辑状态由高电平变为低电平时，液晶才执行读写状态。

3. 液晶内部的寄存器

（1）忙标志：BF。BF 标志提供内部工作情况：BF＝1 表示模块在进行内部操作，此时模块不接受外部指令和数据；BF＝0 时，模块为准备状态，随时可接受外部指令和数据。

利用读液晶状态指令，可以将 BF 读到 DB7 总线，从而检验模块的工作状态。

（2）字型产生 ROM（CGROM）。字型产生 ROM（CGROM）提供 8192 个此触发器是用于模块屏幕显示开和关的控制。DFF＝1 为开显示（DISPLAY ON），DDRAM 的内容就显示在屏幕上，DFF＝0 为关显示（DISPLAY OFF）。

DFF 的状态是指令 DISPLAY ON/OFF 和 RST 信号控制的。

（3）显示数据 RAM（DDRAM）。模块内部显示数据 RAM 提供 64×2 个位元组的空间，最多可控制 4 行 16 字（64 个字）的中文字型显示，当写入显示数据 RAM 时，可分别显示 CGROM 与 CGRAM 的字型；此模块可显示三种字型，分别是半角英数字型（16×8）、CGRAM 字型及 CGROM 的中文字型，三种字型的选择，由在 DDRAM 中写入的编码选择，在 0000H～0006H 的编码中（其代码分别是 0000、0002、0004、0006 共 4 个）将选择 CGRAM 的自定义字型，02H～7FH 的编码中将选择半角英数字的字型，至于 A1 以上的编码将自动地结合下一个位元组，组成两个位元组的编码形成中文字型的编码 BIG5（A140-D75F），GB（A1A0-F7FFH）。

（4）字型产生 RAM（CGRAM）。字型产生 RAM 提供图像定义（造字）功能，可以提供四组 16×16 点的自定义图像空间，使用者可以将内部字型没有提供的图像字型自行定义到 CGRAM 中，便可和 CGROM 中的定义一样地通过 DDRAM 显示在屏幕中。

（5）地址计数器 AC。地址计数器是用来储存 DDRAM/CGRAM 之一的地址，它可由设定指令暂存器来改变，之后只要读取或是写入 DDRAM/CGRAM 的值时，地址计数器的值就会自动加一，当 RS 为"0"而 R/W 为"1"时，地址计数器的值会被读取到 DB6～DB0 中。

（6）光标/闪烁控制电路。此模块提供硬体光标及闪烁控制电路，由地址计数器的值来指定 DDRAM 中的光标或闪烁位置。

4. 液晶的指令说明

液晶模块控制芯片提供基本指令和扩充指令，如表 4-11 与表 4-12 所示。

表 4-11   液晶基本指令

指令	指令码									功能
	RS	R/W	D7	D6	D5	D4	D3	D2	D1	D0	
清除显示	0	0	0	0	0	0	0	0	0	1	将 DDRAM 填满"20H",并且设定 DDRAM 的地址计数器（AC）到"00H"
地址归位	0	0	0	0	0	0	0	0	1	X	设定 DDRAM 的地址计数器（AC）到"00H",并且将游标移到开头原点位置；这个指令不改变 DDRAM 的内容
显示状态开/关	0	0	0	0	0	0	1	D	C	B	D=1：整体显示 ON C=1：游标 ON B=1：游标位置反白允许
进入点设定	0	0	0	0	0	0	0	1	I/D	S	指定在数据的读取与写入时,设定游标的移动方向及指定显示的移位
游标或显示移位控制	0	0	0	0	0	1	S/C	R/L	X	X	设定游标的移动与显示的移位控制位；这个指令不改变 DDRAM 的内容
功能设定	0	0	0	0	1	DL	X	RE	X	X	DL=0/1：4/8 位数据 RE=1：扩充指令操作 RE=0：基本指令操作
设定 CGRAM 地址	0	0	0	1	AC5	AC4	AC3	AC2	AC1	AC0	设定 CGRAM 地址
设定 DDRAM 地址	0	0	1	0	AC5	AC4	AC3	AC2	AC1	AC0	设定 DDRAM 地址（显示位址） 第一行：80H～87H 第二行：90H～97H
读取忙标志和地址	0	1	BF	AC6	AC5	AC4	AC3	AC2	AC1	AC0	读取忙标志（BF）可以确认内部动作是否完成,同时可以读出地址计数器（AC）的值
写数据到 RAM	1	0	数据								将数据 D7～D0 写入到内部的 RAM（DDRAM/CGRAM/IRAM/GRAM）
读出 RAM 的值	1	1	数据								从内部 RAM 读取数据 D7～D0（DDRAM/CGRAM/IRAM/ GRAM）

表 4-12　液晶扩充指令

指令	指令码										功能
	RS	R/W	D7	D6	D5	D4	D3	D2	D1	D0	
待命模式	0	0	0	0	0	0	0	0	0	1	进入待命模式
卷动地址开关开启	0	0	0	0	0	0	0	0	1	SR	SR＝1：允许输入垂直卷动地址 SR＝0：允许输入 IRAM 和 CGRAM 地址
反白选择	0	0	0	0	0	0	0	1	R1	R0	选择 2 行中的任一行作反白显示，并可决定反白与否。初始值 R1R0＝00，第一次设定为反白显示，再次设定变回正常
睡眠模式	0	0	0	0	0	0	1	SL	X	X	SL＝0：进入睡眠模式 SL＝1：脱离睡眠模式
扩充功能设定	0	0	0	0	1	CL	X	RE	G	0	CL＝0/1：4/8 位数据 RE＝1：扩充指令操作 RE＝0：基本指令操作 G＝1/0：绘图开关
设定绘图 RAM 地址	0	0	1	0 AC6	0 AC5	0 AC4	AC3 AC3	AC2 AC2	AC1 AC1	AC0 AC0	设定绘图 RAM 先设定垂直（列）地址 AC6AC5＝AC0，再设定水平（行）地址 AC3AC2AC1AC0。将以上 16 位地址连续写入即可

备注：当 IC1 在接受指令前，微处理器必须先确认其内部处于非忙碌状态，即读取 BF 标志时，BF 须为零，方可接受新的指令；如果在送出一个指令前不检查 BF 标志，那么在前一个指令和这个指令中间必须延长一段较长的时间，即等待前一个指令确实执行完成。

5. 串口方式下液晶的读写时序图

本例程使用液晶的串口工作方式，这样可以节省单片机的引脚资源。图 4-18 所示是串口数据线模式下数据的传输过程。

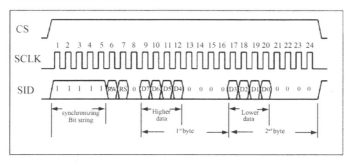

图 4-18　串口数据线模式数据传输过程

图 4-19 所示的是串口方式下单片机写数据到液晶时序图。

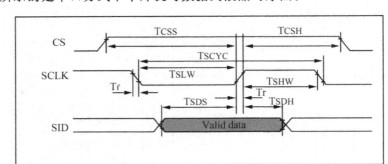

图 4-19　串口方式下单片机读写数据到液晶时序图

6. 编程显示图形或汉字

（1）图形显示。水平方向 X 以字为单位，垂直方向 Y 以位为单位。先设垂直地址再设水平地址（连续写入两个字节的资料来完成垂直与水平的坐标地址）。

垂直地址范围 AC5…AC0

水平地址范围 AC3…AC0

绘图 RAM 的地址计数器（AC）只会对水平地址（X 轴）自动加 1，当水平地址＝0FH 时会重新设为 00H，但并不会对垂直地址做进位自动加 1，故当连续写入多笔资料时，程序需自行判断垂直地址是否需重新设定。

（2）中文字符显示。液晶自带中文字库，每屏可显示 4 行 8 列共 32 个 16×16 点阵的汉字，每个显示 RAM 可显示 1 个中文字符或 2 个 16×8 点阵全高 ASCII 码字符，即每屏最多可实现 32 个中文字符或 64 个 ASCII 码字符的显示。字符显示是通过将字符显示编码写入该字符显示 RAM 实现的。根据写入内容的不同，可分别在液晶屏上显示 CGROM（中文字库）、HCGROM（ASCII 码字库）及 CGRAM（自定义字形）的内容。字符显示 RAM 在液晶模块中的地址 80H～9FH。字符显示的 RAM 的地址与 32 个字符显示区域有着一一对应的关系，其对应关系如表 4-13 所示。

表 4-13　12864 液晶汉字显示坐标

Y 坐标	X 坐标							
Line1	80H	81H	82H	83H	84H	85H	86H	87H
Line2	90H	91H	92H	93H	94H	95H	96H	97H
Line3	88H	89H	8AH	8BH	8CH	8DH	8EH	8FH
Line4	98H	99H	9AH	9BH	9CH	9DH	9EH	9FH

（3）应用说明。用带中文字库的 128×64 显示模块时应注意以下几点：

①欲在某一个位置显示中文字符，应先设定显示字符位置，即先设定显示地址，再写入中文字符编码。

②显示 ASCII 字符过程与显示中文字符过程相同。不过在显示连续字符时，只须设定一次显示地址，由模块自动对地址加 1 指向下一个字符位置，否则，显示的字符中将会有

一个空 ASCII 字符位置。

③当字符编码为 2 字节时，应先写入高位字节，再写入低位字节。

④模块在接收指令前，向处理器必须先确认模块内部处于非忙状态，即读取 BF 标志时 BF 需为"0"，方可接受新的指令。如果在送出一个指令前不检查 BF 标志，则在前一个指令和这个指令中间必须延迟一段较长的时间，即等待前一个指令确定执行完成。指令执行的时间请参考指令表中的指令执行时间说明。

⑤"RE"为基本指令集与扩充指令集的选择控制位。当变更"RE"后，以后的指令集将维持在最后的状态，除非再次变更"RE"位，否则使用相同指令集时，无需每次均重设"RE"位。

4.7.2　根据说明书对 128×64 汉字液晶进行编程

根据资料，液晶提供两种界面来连接微处理器，8 位并行方式以及串行连接方式，本例子使用串行连接方式。根据引脚的功能表得出液晶与单片机串行连接图，如图 4-20 所示。单片机使用 12M 晶振。液晶在 VO 与 VDD 及 Vss 这三个脚间接一个 10K 的电位器，电位器的中间脚接 VO，其他二脚接 VDD 和 Vss。调节电位器的大小，直到有显示为止。

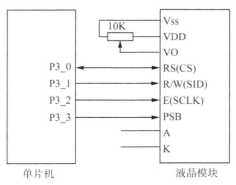

图 4-20　12864 液晶与单片机并行连接图

根据单片机读写数据到液晶时序图，可以得出下面函数：

```
#include <REGX51.H>
#define uintunsigned int
#define uchar unsigned char
sbit LCM_psb= P3^3; //H=并口；L=串口；
sbit LCM_cs= P2^5; //数据、命令选择端
sbit LCM_sid= P2^6; //串行数据输入
sbit LCM_sclk = P2^7; //使能信号
sbit ACC0 = ACC^0;
sbit ACC7 = ACC^7;
```

uchar code tab1 [] ＝"横看成岭侧成峰，远近高低各不同。不识庐山真面目，只缘身在此山中。";

```
void DelayM (unsigned int a) //延时函数 1ms/次
{
    unsigned char i;
    while ( ——a ! = 0)
    {
    for (i = 0; i < 125; i++);
    }
}
void LCM _ init (void) //初始化液晶
{
    LCM _ rst=1;
    LCM _ psb=0;
    LCM _ WriteDatOrCom (0, 0x30); //30————基本指令动作
    LCM _ WriteDatOrCom (0, 0x01); //清屏，地址指针指向 00H
    Delay (100);
    LCM _ WriteDatOrCom (0, 0x06); //光标的移动方向
    LCM _ WriteDatOrCom (0, 0x0c); //开显示，关游标
}
//写指令或数据 (0，指令) (1，数据)
void LCM _ WriteDatOrCom (bit dat _ comm, uchar content)
{
    uchar a, i, j;
    Delay (50);
    a=content;
    LCM _ cs=1;
    LCM _ sclk=0;
    LCM _ sid=1;
    for (i=0; i<5; i++)
     {
        LCM _ sclk=1;
        LCM _ sclk=0;
     }
     LCM _ sid=0;
     LCM _ sclk=1;
```

```
    LCM_sclk=0;
    if (dat_comm)
    LCM_sid=1; //data
    else
    LCM_sid=0; //command
    LCM_sclk=1;
    LCM_sclk=0;
    LCM_sid=0;
    LCM_sclk=1;
    LCM_sclk=0;
    for (j=0; j<2; j++)
    {
       for (i=0; i<4; i++)
      {
         a=a<<1;
         LCM_sid=CY;
         LCM_sclk=1;
         LCM_sclk=0;
      }
         LCM_sid=0;
         for (i=0; i<4; i++)
         {
           LCM_sclk=1;
           LCM_sclk=0;
         }
    }
}


void chn_disp (uchar code * chn)
{
    uchar i, j;
    LCM_WriteDatOrCom (0, 0x30);
    LCM_WriteDatOrCom (0, 0x80);
```

```
    for (j=0; j<4; j++)
    {
    for (i=0; i<16; i++)
    LCM_WriteDatOrCom (1, chn [j*16+i]);
    }
}


    void LCM_clr (void) //清屏函数
{
    LCM_WriteDatOrCom (0, 0x30);
    LCM_WriteDatOrCom (0, 0x01);
    Delay (180);
}


//向 LCM 发送一个字符串，长度 64 字符之内。
void LCM_WriteString (unsigned char *str)
{
    while (*str ! =´\0´)
{
    LCM_WriteDatOrCom (1, *str++);
        }
     *str = 0;
}


    main ()
{
    LCM_init ();            //初始化液晶显示器
    LCM_clr (); //清屏
    chn_disp (tab1); //显示欢迎字
    while (1) {;}
}
```

❄ 4.8   使用 ADC0832 接收模拟量数据

ADC0832 是美国国家半导体公司生产的 8 位分辨率、双通道 A/D 转换芯片。由于它体积小、兼容性好、性价比高而深受欢迎，目前有很高的普及率。本节使用 ADC0832 芯片来了解 A/D 转换器的原理。

小提示——单片机系统为什么要使用 A/D 转换芯片？

现实生活中，如温度、压力、位移、图像等都是模拟量，即它的表示方法是模拟量。

在单片机能够编程的引脚中，只能处理二进制信号（即 0、1 两种状态）。单片机的 CPU 只能进行二进制运算。因此对单片机系统而言，无法直接识别模拟量，必须将模拟量转换成数字量。所谓数字量，就是用一系列 0 和 1 组成的二进制代码来表示某个信号大小的量。

单片机需要采集模拟信号时，通常需要在前端加上模拟量/数字量转换器，简称模/数转换器，即常说的 A/D 转换芯片。

A/D 转换芯片的功能是对输入的模拟信号采样，然后再把这些采样值转换为数字量。因此，一般的 A/D 转换过程是通过采样保持、量化和编码这三个步骤完成的，首先对输入的模拟电压信号采样，采样结束后进入保持时间，在这段时间内将采样的电压量转化为数字量，并按一定的编码形式给出转换结果，然后开始下一次采样。

量化后的数字的位数表示量化的精度，位数越多则表示精度越高，位数越少表示精度就越低。一般量化的位数有 8 位、10 位、12 位、16 位、22 位等。

许多传感器已经集成了 A/D 转换功能，可以与单片机直接连接。

ADC0832 为 8 位分辨率 A/D 转换芯片，其最高分辨可达 256 级，芯片转换时间仅为 32μs，转换速度快且稳定性能强。独立的芯片使能输入，可以使更多器件直接连接在同一单片机的引脚上，节省单片机引脚资源。通过 DI 数据输入端，可以轻易地实现通道功能的选择。5V 电源供电时，输入电压可以在 0～5V 之间。DO、DI、CLK、CS 引脚的输入输出电平与 TTL/CMOS 相兼容，可以与单片机直接连接。

图 4-21 是 ADC0832 引脚图，各引脚功能如表 4-14 所示。

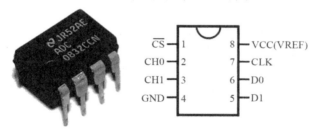

图 4-21　ADC0832 引脚图

表 4-14　ADC0832 各引脚功能

引脚	引脚名字	引脚功能
1	CS _	片选使能，低电平芯片使能
2	CH0	模拟输入通道 0，或作为 IN＋/－使用
3	CH1	模拟输入通道 1，或作为 IN＋/－使用
4	GND	芯片参考 0 电位地
5	DI	数据信号输入，选择通道控制
6	DO	数据信号输出，转换数据输出
7	CLK	芯片时钟输入
8	VCC/REF	电源及参考电压

　　根据各引脚功能的描述，引脚 8 和引脚 4 是电源输入端，需要接 5V 电源。引脚 2 和引脚 3 是模拟信号输入端。正常情况下 ADC0832 与单片机的接口应为 4 条数据线，分别是 CS、CLK、DO、DI。但由于 DO 端与 DI 端在通信时不会同时有效并与单片机的接口是双向的，所以电路设计时可以将 DO 和 DI 并联在一根数据线上。

　　具体连接电路如图 4-22 所示。该电路功能是测定输液管中是否有液滴通过，传感器是一个光敏二极管（是一种光电转换二极管，工作时两端加反向电压，没有光照时，其反向电阻很大，只有很微弱的反向饱和电流。当有光照时，就会产生很大的反向电流，而且光照越强该电流就越大）。有液滴通过输液管时，光敏二极管电阻会变化从而引起 CH0 端电压的变化，ADC0832 将该电压值转换并被单片机读取。

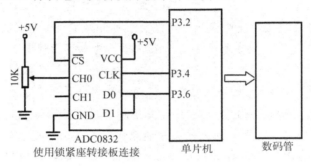

图 4-22　单片机与 ADC0832 的连接电路

　　工作时序如图 4-23 所示。当 ADC0832 未工作时其 CS 输入端应为高电平，此时芯片禁用，CLK 和 DO/DI 的电平可任意。当要进行 A/D 转换时，须先将 CS 使能端置于低电平并且保持低电平直到转换完全结束。此时芯片开始转换工作，同时由处理器向芯片时钟输入端 CLK 输入时钟脉冲，DO/DI 端则使用 DI 端输入通道功能选择的数据信号。在第 1 个时钟脉冲下沉之前 DI 端必须是高电平，表示起始信号。在第 2，3 个时钟脉冲下沉之前 DI 端应输入 2 位数据用于选择通道功能。

　　根据时序图，读 ADC0832 的代码如下：

```
# include <regx51.h>
sbit CLK=P3^4;
sbit D1=P3^6;
sbit D0=P3^7;
sbit CS=P3^2;
# define VMAX 5

void delay (int timer)
{
while (——timer);
}
```

```
void pulse (void)
{
    CLK=1;
    delay (4);
    CLK=0;
}

unsigned charADC0832 (void)
{
unsigned char i;
unsigned char a;
delay (2);
CS=0;
a=0x07; //通道选择，07 一通道，06
二通道
    for (i=0; i<4; i++)
    {
        if (! (a & 0x01))
            D1=0;
        else
            D1=1;
        a=a>>1;
        pulse ();
    }
a=0x00;
for (i=0; i<8; i++)
{
    pulse ();
    a = a<<1;
    if (D0)
    a = a+1;
}
CS=1;
return a;
}
```

//数码管函数，参考其他部分

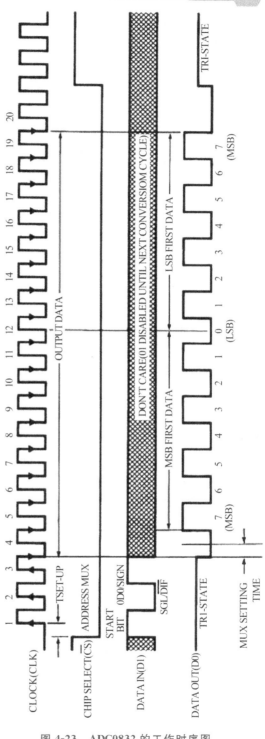

图 4-23　ADC0832 的工作时序图

```
show (unsigned temp)
······//略
}
main ()
{
    unsigned char k;
    k＝ADC0832 () //读取 AD 转换结果
    show (k); //数码管显示读取结果
    //······
}
```

❀ 4.9　使用 TLV5618 输出模拟量数据

小提示——单片机系统为什么要使用 D/A 转换芯片？

　　单片机能够编程的引脚中，都只能处理二进制信号（即 0，1 两种状态），当单片机在输出模拟信号时，通常在输出级要加上数字量/模拟量转换器，简称数/模转换器，即常说的（Digital to Analog）芯片。

　　一般 D/A 转换器的位数有 8 位、10 位、12 位、16 位、24 位等。

　　TLV5618 是美国 TexasInstruments 公司生产的带有缓冲基准输入的可编程双路 12 位数/模转换器。DAC 输出电压范围为基准电压的两倍，且其输出是单调变化的。该器件使用简单，用 5V 单电源工作，并包含上电复位功能以确保可重复启动。通过 CMOS 兼容的 3 线串行总线可对 TLV5618 实现读写控制，通过单片机输出 16 位数据产生模拟输出。数字输入端的特点是带有斯密特触发器，因而具有高的噪声抑制能力。由于是串行输入结构，能够节省单片机 I/O 资源，价格适中、分辨率较高，因此在仪器仪表中有较为广泛的应用。

　　TLV5618 的引脚如图 4-24 所示。引脚功能描述如表 4-15 所示。

表 4-15　TLV5618 引脚功能

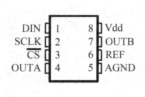

图 4-24　TLV5618 的引脚

编号	引脚名称	说明
1	DIN	串行时钟输入
2	SCLK	串行数据输入
3	CS	片选，低电平有效
4	OUTA	DACA 模拟输出
5	AGND	模拟地
6	OUTB	DACB 模拟输出
7	REFIN	基准电压输入
8	Vdd	电源正

单片机与 TLV5618 连接如图 4-25 所示。实验时使用锁紧座转接板和杜邦线将 TLV5618、单片机连接，使用数字万用表测量输出电压。

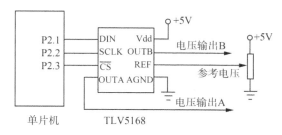

图 4-25　单片机与 TLV5618 连接

图 4-26 为 TLV5618 的工作时序图。当片选（CS）为低电平时，输入数据由时钟定时，以最高有效位在前的方式读入 16 位移位寄存器，其中前 4 位为编程位，后 12 位为数据位。SCLK 的下降沿把数据移入输入寄存器，然后 CS 的上升沿把数据送到 DAC 寄存器。所有 CS 的跳变应当发生在 SCLK 输入为低电平时。可编程位 D15～D12 的功能见表 4-16 所示。

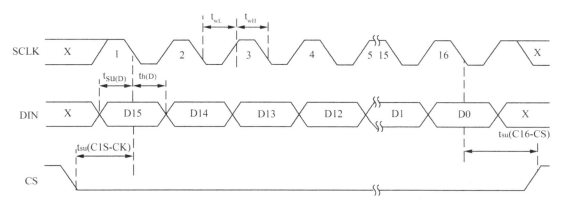

图 4-26　TLV5618 的工作时序图

表 4-16　可编程位 D15～D12 的功能

编程位				器件功能
D15	D14	D13	D12	
1	X	X	X	把串行接口寄存器的数据写入锁存器 A，并用缓冲器锁存数据更新锁存器 B
0	X	X	0	写锁存器 B 和双缓冲锁存器
0	X	X	1	仅写双缓冲锁存器
X	1	X	X	14μs 建立时间
X	0	X	X	3μs 建立时间
X	X	0	X	上电（Power-up）操作
X	X	1	X	断电（Power-down）方式

下面是编程控制 TLV5618 输出三角波电压的代码，程序的参考电压为 2.5V。

```
#include <REGX51.H>//单片机头文件
#include <intrins.h>
#define uint unsigned int
#define uchar unsigned char
#define Channal_A1//通道 A
#define Channal_B2//通道 B
#define Channal_AB3//通道 A&B
sbit DIN= P2^1;  //数据输入端
sbit SCLK = P2^2;  //时钟信号
sbit CS= P2^3;  //片选输入端，低电平有效


//进行 DA 转换函数，Dignum 是要转换的数据
void DA_conver (uint Dignum)
{
    uint Dig=0;
    uchar i=0;
    SCLK=1;
    CS=0;  //片选有效
    for (i=0; i<16; i++)  //写入 16 位 Bit 的控制位和数据
      {
        Dig=Dignum & 0x8000;
        if (Dig) DIN=1;
        else DIN=0;
        SCLK=0;
        _nop_ ();
        Dignum<<=1;
        SCLK=1;
        _nop_ ();
      }
    SCLK=1;
    CS=1; //片选无效
}


//模式、通道选择并进行 DA 转换函数
//Data_A 是 A 通道转换的电压值，Data_B 是 B 通道转换的电压值
```

```
//Channal：通道选择，其值为 Channal _ A, Channal _ B, 或 Channal _ AB
//Model 是速度控制位，0：slow mode 1：fast mode
void Write _ A _ B (uint Data _ A, uint Data _ B, uchar Channal, bit Model)
{
    uint Temp；
    if (Model) Temp＝0x4000；
    else Temp＝0x0000；
    switch (Channal)
     {
     case Channal _ A：//A 通道
       DA _ conver (Temp | 0x8000 | (0x0fff & Data _ A))；
     break；
     case Channal _ B：//B 通道
       DA _ conver (Temp | 0x0000 | (0x0fff & Data _ B))；
     break；
     case Channal _ AB：
       DA _ conver (Temp | 0x1000 | (0x0fff & Data _ B))；//A & B 通道
       DA _ conver (Temp | 0x8000 | (0x0fff & Data _ A))；
     break；
     default：break；
     }
}
main (void)
{
    uint i；
    Write _ A _ B (0x0355, 0x0000, Channal _ A, 0)；//A 通道
    Write _ A _ B (0x0000, 0x0600, Channal _ B, 1)；//B 通道
    while (1)
     {
       for (i＝0; i＜0x0fff; i＋＋) //三角波
        {
        Write _ A _ B (0xc000＋i, 0x0000, Channal _ A, 0)；
        delay (5)；//延时
        }
     }
}
```

小知识——" ＿nop＿ ()；"语句的意义

1. "nop"指令即空指令；

2. 运行该指令时，它只是消耗 CPU 的时间，其他什么都不做，但是会占用一个指令的时间；

3. " ＿nop＿ ()；"可以起简单的延时，当指令间需要有延时，可以插入该指令。

【习 题】

1. 举例简单描述 C51 读写单片机的 I/O 端口功能。

2. 编写一个简单发光二极管流水灯程序，使 8 个发光二极管动起来，点亮顺序为 P1.0→P1.1→P1.2→P1.3→…→P1.7→P1.6→P1.5→P1.4→P1.3→…→P1.0，并重复循环，其电路图如图 4-1 所示。

3. 单片机的引脚有哪几种状态？其对应电压值是多少？

4. 独立式和矩阵式按键键盘的读取原理是什么？如何做到按键去抖动？

5. 分别举例说明如何静态和动态显示 LED 数码管。

6. 简述 LCD1602 液晶显示模块引脚的功能含义及基本操作。

7. 12864 汉字液晶内部的寄存器有哪些？其分别具有什么功能？

8. 如图 4-23 所示，试简述 ADC0832 接收模拟量数据的工作原理。

9. 如图 4-26 所示，试简述 TLV5618 输出模拟量数据的工作原理。

第5章　中断函数——条件满足立即插入执行的代码

📑【本章要点】◎

- 理解中断的执行过程
- 理解 51 单片机中断系统的结构
- 掌握与单片机中断相关的寄存器
- 掌握中断系统的编程

　　单片机内部集成有中断功能。中断使单片机具有对外部或内部随机发生的事件具有实时处理的能力，简化编程。单片机工程开发中，一般使用定时器中断获取精确时间，使用串口中断实现自动接收通信数据。

　　中断功能的存在，节省了 CPU 资源，提高了单片机处理外部或内部事件的能力。

❄ 5.1　单片机中断的执行原理

　　中断是指通过硬件来改变 CPU 的执行程序运行方向，执行过程如图 5-1 所示。单片机在正常运行程序的过程中，由于某种原因，向 CPU 发出中断请求信号，使 CPU 暂时中止正在执行的程序，而转去为该突发事件服务，待处理程序执行完毕后，再继续执行原来被中断的主程序。这种主程序在执行过程中由于外界的原因而被中间打断的情况称为"中断"。

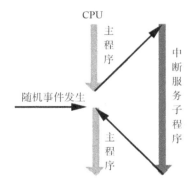

图 5-1　中断的执行过程

下面举例说明单片机中断的执行过程原理。

早上计划的活动如表 5-1 所示。

表 5-1 早上计划的活动时间表

计划时间节点	计划动作
10：00	去超市购物
11：00	去银行存款 1000 元
11：30	接孩子放学回家

实际的活动如表 5-2 所示。

表 5-2 实际的活动时间表

实际时间	实际动作	中断解释
10：00	按照计划带上钱，并到超市	程序正常执行
10：10	购物时遇到熟人	中断发生，出门时没有安排该活动
10：11	将购物车停到旁边与熟人交谈	主程序放到一边，执行中断代码段
10：12	交谈时熟人借走 200 元钱	执行中断会修改全局变量
10：13	熟人交谈结束后，推着刚才的购物车购物	中断结束，继续执行计划中的任务
11：00	银行存款，只能存 800 元	程序会检测到全局变量改变
11：30	接孩子放学回家	自动恢复到中断前的位置执行程序

可以看出单片机中断的特点如下：发生中断需要满足条件；中断是立即执行；插入执行中断代码；执行时修改全局变量；中断结束后，程序接着刚才的断点处继续执行。

小提示

在 CPU 与外设交换信息时，存在着一个快速的 CPU 与慢速的外设之间的矛盾。为解决这个问题，产生了中断的概念。

中断执行的过程类似于函数的调用，区别在于中断的发生是随机的，其对中断服务程序的调用是在检测到中断请求信号后自动完成的。而函数的调用是由编程人员事先安排好的。因此，中断又可定义为 CPU 自动执行中断服务程序并返回原程序执行的过程。

在单片机中使用中断有以下优点：

（1）可以提高 CPU 的工作效率。有了中断功能以后，中断条件满足后向 CPU 发出中断请求，CPU 才执行中断，这样 CPU 减少了不必要的等待和查询时间。

（2）便于实时处理。有了中断功能后，中断条件满足后立即向 CPU 发出中断申请，要求 CPU 及时处理。这样 CPU 就可以在最短的时间内执行中断代码。

❀ 5.2 能够引起中断的地方——单片机的中断源

能够引起单片机中断的地方叫中断源，51 系列单片机的中断系统提供了 5 个中断源，对应有 5 种情况发生时单片机就会去执行中断程序。如图 5-2 和表 5-3 所示。

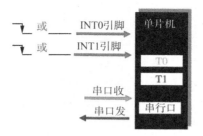

图 5-2　51 系列单片机的中断源

表 5-3　51 系列单片机的中断源

中断源	产生中断的条件
外部中断 0	由 P3.2 引脚输入信号，可以通过设置 IT0 位决定是低电平有效还是下降沿有效。当输入信号有效，即向 CPU 申请中断
外部中断 1	由 P3.3 引脚输入信号，可以通过设置 IT1 位决定是低电平有效还是下降沿有效。当输入信号有效，即向 CPU 申请中断
T0 溢出中断	当片内定时器 T0 产生溢出时
T1 溢出中断	当片内定时器 T1 产生溢出时
串行口中断	串行口成功接收或发送完一帧串行数据

5.3　与中断相关控制寄存器

中断处理的相关控制寄存器有中断允许控制寄存器 IE、定时器/计数器控制寄存器 TCON 和中断优先级控制寄存器 IP。

1. 中断允许控制寄存器 IE

IE 寄存器决定中断的开放和禁止。可按位寻址，各个位说明如下：

B7	B6	B5	B4	B3	B2	B1	B0
EA	保留	保留	ES	ET1	EX1	ET0	EX0

EA：中断允许总控位。EA＝0 时，所有的中断请求均被禁止；EA＝1 时，各中断的产生由对应的启动位决定。

EX0/EX1：外部中断 0/外部中断 1 中断允许位。若置 1，则对应外部中断源可以申请中断；否则，对应外部中断申请被禁止。

ET0/ET1：T0/T1 中断允许控制位。若该位置 1，则对应定时器/计数器可以申请中断；否则对应定时器/计数器不能申请中断。

ES：串行口中断控制位。ES＝1时，允许串行口中断；ES＝0时，禁止串行口中断。

小提示——设置 EA 位的作用

图中，值班室对教室的灯有总控开关；教室里，每个灯有自己的开关。

值班室送电时，教室的灯可由教室里的开关控制；但如果总控开关不送电，无论如何操作教室里的开关，教室的灯不会亮。

对 IE 寄存器，EA 位类似于总控开关，其他位类似于教室开关。

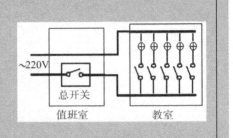

2. 定时器/计数器控制寄存器 TCON

TCON 寄存器记录各个中断源所产生的中断标志位，并包含定时器/计数器的启动控制位。可位寻址，各位说明如下：

B7	B6	B5	B4	B3	B2	B1	B0
TF1	TR1	TF0	TR0	IE1	IT1	IE0	IT0

IE0/IE1：外部中断请求标志位。当 CPU 采样到 $\overline{INT0}$（或$\overline{INT1}$）端出现有效中断请求时，IE0（IE1）位由硬件置"1"。当中断响应完成转向中断服务程序时，由硬件把 IE0（或 IE1）清零。

IT0/IT1：外部中断请求信号方式控制位。若置 1 则对应外部中断为脉冲下降沿触发方式，若置 0 就是低电平触发方式。

TF0/TF1：定时器/计数器溢出中断请求标志位。若其为 1 则表示对应定时器/计数器的计数值已由全 1 变为全 0，在向 CPU 申请中断。

小知识

IT0/IT1：外部中断请求信号方式控制开关。

为低电平触发方式时，INT0 引脚是低电平会触发中断。一次中断完毕后单片机会再次检测中断条件，如果 INT0 引脚保持低电平，会继续触发第二次中断。

为下降沿触发方式时，INT0 引脚从高电平变为低电平会触发中断。一次中断完毕后单片机会再次检测中断条件，如果 INT0 引脚保持低电平，INT0 引脚没有电平变化，不会触发第二次中断。

3. 中断优先级控制寄存器 IP

寄存器 IP 用来设定各种中断信号产生的优先次序。

默认情况下 8051 中断源优先控制权如下：

（低）ES← ET1←EX1← ET0← EX0（高）

可以通过设置中断优先权寄存器 IP，分配中断源的优先中断权。IP 寄存器可按位寻址，各位说明如下：

B7	B6	B5	B4	B3	B2	B1	B0
保留	保留	保留	PS	PT1	PX1	PT0	PX0

PX0：外部中断 0 优先级设定控制位。若 PX0＝1，则外部中断 0 设定为高优先级中断；否则，就是低优先级中断。

PT0：T0 中断优先级设定控制位。若 PT0＝1，则定时器/计数器 0 被设置为高优先级中断，否则是低优先级中断。

PX1：外部中断 1 优先级设定控制位。若 PX1＝1，则外部中断 1 设定为高优先级中断，否则是低优先级中断。

PT1：T1 中断优先级设定控制位。若 PT1＝1，则定时器/计数器 1 被设置为高优先级中断，否则是低优先级中断。

PS：串行口中断优先级设定控制位。PS＝1，串行口中断被设定为高优先级；PS＝0，串行口中断是低优先级的。

以上各位设置为"0"时，则相应的中断源为低优先级；设置为"1"时，则相应的中断源为高优先级。

优先级的控制原则如下：

低优先级中断请求不能打断高优先级的中断服务；但高优先级中断请求可以打断低优先级的中断服务，从而实现中断嵌套。

4. 中断响应条件

单片机响应中断的条件是：

（1）中断总允许位 EA 置 1；

（2）申请中断的中断允许位置 1；

（3）有中断源提出中断申请；

（4）无同级或高级中断正在服务。

5. 单片机的中断响应过程

单片机中断响应可以分为以下几个过程：

（1）停止主程序运行。当前指令执行完后立即终止现在执行的程序；

（2）保护断点。把程序计数器 PC 的当前值压入堆栈，保存中断的地址（即断点地址），以便从中断服务程序返回时能够继续执行该程序；

（3）执行中断处理程序；

（4）中断返回。执行完中断处理程序后，从堆栈恢复程序计数器 PC 值，从中断处返回到主程序，继续往下执行。

以上工作是由单片机自动完成的，与编程者无关。

6. 中断请求的撤销

中断响应后，TCON 和 SCON 的中断请求标志位应及时撤销。否则意味着中断请求仍然存在，有可能造成中断的重复查询和响应，因此需要在中断响应完成后，撤销其中断标志。

(1) 定时中断请求的撤销。硬件自动把 TF0（TF1）清 0，不需要用户参与。

(2) 串行中断请求的撤销。需要软件清零。

(3) 外部中断请求的撤销。脉冲触发方式的中断标志位的清零是自动的。电平触发方式的中断标志位的清零是自动的，但是如果低电平持续存在，在以后的机器周期采样时，又会把中断请求标志位（IE0/IE1）置位。

5.4 中断编程的固定格式

单片机 C 语言编程时，通过设置 IE 寄存器允许中断。当中断条件满足时，CPU 要执行的代码放在程序什么地方？答案是中断代码是通过中断服务函数实现的。

为了能在 C 语言中对中断编程，C51 编译器对函数的定义有所扩展，增加了一个扩展关键字"interrupt"。"interrupt"是 C51 函数定义时的一个选项，加上这个选项函数被定义为中断服务函数。定义中断服务函数的一般形式为：

void 函数名（void）interrupt n [using m]
{
    /* ISR */
}

interrupt 后面的 n 是中断编号。51 单片机的常用中断源和中断向量如表 5-4 所示。

表 5-4 中断源和中断向量

中断编号	中断源	中断向量
0	外部中断 0	0003H
1	定时器/计数器 0 溢出	000BH
2	外部中断 1	0013H
3	定时器/计数器 1 溢出	001BH
4	串行口中断	0023H
5	定时器/计数器 2 溢出	002BH

using m 用来选择 8051 单片机中不同的工作寄存器组，是可选项。单片机 RAM 中使用 4 个不同的工作寄存器组，每个寄存器组中包含 8 个工作寄存器（R0～R7），m 分别选中 4 个不同的工作寄存器组。如果不用该选项，则由编译器选择一个寄存器组做绝对寄存器组访问。

使用 C51 编写中断程序时，需要在主程序中初始化中断系统，再单独编写中断服务函数，其基本步骤如下：

（1）设置 IE 寄存器，置位相应中断源的中断允许标志及 EA 使能相关中断，此项必须有；

（2）设置 IP 寄存器，设定所用中断源的中断优先级。此项可选，可以不设置；

（3）如果使用外部中断，设置寄存器 TCON 的 IT0、IT1 项，即设定是电平触发还是脉冲下降沿触发；

（4）如果是定时器/计数器中断或串口中断，对于定时/计数中断应设置工作方式（定时/计数）；

（5）单独编写中断服务函数，每个允许的中断必须有对应的中断函数。

中断程序的一般格式如下：

```
#include <REGX51.H>//包含 51 的特殊寄存器头文件
unsigned char xxx,…; //定义全局变量，方便中断函数与程序进行数据交换


//中断服务函数
void int0 _ intfun (void) interrupt 0 using x
{
    //根据工程需要编程
    //使用全局变量与其他函数进行数据信息共享
} //中断返回
//其他中断服务函数
void main ()
{
    IE=xx; //使能对应的中断
    while (1) //主程序循环
{
    //使用全局变量与中断函数进行数据信息共享
}
}
```

【例 5-1】　在单片机的 P1 上接 8 个发光二极管，外部中断 0 通过按键接低电平，下降沿有效。要求每发生一次 INT0 外部中断，指示灯移动一位。硬件电路如图 5-3 所示。

程序代码如下：

```
#include <REGX51.H>//包含 51 的特殊寄存器头文件
unsigned char temp;
//中断服务子程序
void int0 _ fun (void) interrupt 0 using 1
{
    P1 = temp; //点亮部分二极管
```

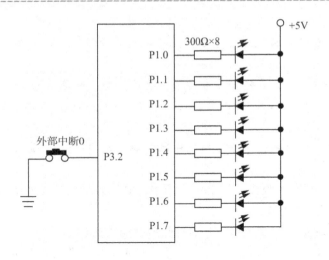

图 5-3　外部中断 INT0 控制灯移动电路

```
    temp = temp>>1；//变换二极管状态码
}　//中断返回
void main ()
{
    IE=0x81；//使能外部中断 0，可用 EA=1；EXO=1；
    IT0 = 1；//外中断下降沿产生中断
    temp = 0x01；
    while (1)；//主程序循环
}
```

小提示

1. 单片机中断是单独的一个函数；

2. 主函数不调用该函数，平时不执行该程序；

3. 什么时候执行该函数？当中断条件满足时，硬件向 CPU 提出中断申请；

4. 想使用中断，需首先设置 IE 寄存器，使其能中断；

5. 可以同时编程同时使能 5 个中断，同时需要 5 个中断函数。

❋ 5.5　有外部中断功能的按键系统

项目名称：用外中断方式读按键，控制灯的变化方式

项目硬件电路图如图 5-4 所示。

电路图中，单片机 P3.2 引脚接在按键 K1，P3.3 引脚接在按键 K2。平时单片机控制二极管交替闪烁。当按下 K1 时，触发 INT0 中断，灯全灭。当按下 K2 时，触发 INT1 中断，灯全亮。

思考：中断触发方式，如何初始化中断，观察系统能否立即响应按键操作，理解中断

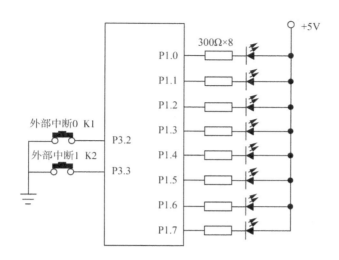

图 5-4　外部中断控制灯变换电路

作用。

参考代码如下：

```
#include <reg51.h> //包括一个51标准内核的头文件
delay (unsigned int k) //延时
{
    //双重循环，程序略
}
    //外中断0
    int0 () interrupt 0
{
    P1=0x00; //在中断里点亮 LED
}
    //外中断1
    int1 () interrupt 2
{
    P1=0xff; //在中断里熄灭 LED
}
    void main (void) //主程序
{
    IT0=0; //外中断跳变产生中断
    EX0=1;
    IT1=0; //外中断跳变产生中断
    EX1=1;
```

```
EA=1；//打开总中断
while（1）//主程序交替点亮LED
{
    P1=0xaa；// 1357LED 亮，2468LED 灭
    delay（2000）；//延时 3 秒
    P1=0x55；// 1357LED 灭，2468LED 亮
    delay（2000）；//延时 3 秒
}
}
```

❋ 5.6 单片机中断编程进阶

1. 在程序中使用中断的目的

（1）程序中使用中断可以减少单片机 CPU 的工作量。

如前面"LED 数码管显示技术"一节中的程序可以使用中断实现，参考代码如下：

```
#include<REGX51.H>
#define uint unsigned int
#define ucharunsigned char
uchar code Led _ Show [10] ＝……；//对应 0～9 显示码
uint temp；//要显示的 4 位数
//数码管显示子程序，输入一个十进制数，在数码管上显示出该十进制
void show（uint dat）
{
    uchar temp；
    uchar k；
    k=dat；
    P1 _ 0=0；
    temp=k/1000；k=k％1000；
    P0=Led _ Show [temp]；
    Delay _ xMs（1）；

    P1 _ 0=1；P1 _ 1=0；
    temp=k/100；k=k％100；
    P0=Led _ Show [temp]；
    Delay _ xMs（1）；

    P1 _ 1=1；P1 _ 2=0；
```

```
    temp＝k/10；k＝k％10；
    P0＝Led _ Show [temp]；
    Delay _ xMs (1)；

    P1 _ 2＝1；P1 _ 3＝0；
    P0＝Led _ Show [k]；
    Delay _ xMs (1)；P1 _ 3＝1；
}
void TIMER0 (void) interrupt 1
{
    TH0＝ (65536－50000) /256；
    TL0＝ (65536－50000)％256；
    show (temp)；
}

void main ()
{
    TMOD＝0x01；
    TH0＝ (65536－50000) /256；
    TL0＝ (65536－50000)％256；
    IE＝0x82；
    TR0＝1；
    while (1)
{
        temp＝5678；//修改要显示的内容
        …….//其他代码
    }
}
```

程序中，定时器设定为每秒中断 20 次左右，每次中断执行一次数码管扫描，这样就可以实现数码管的动态显示。主程序中没有专门的数码管显示代码。如果显示程序放在主程序时会一直占用 CPU 的资源，而使用中断可以节省 CPU 的资源。

以后要讲的单片机串口接收数据一节，如果使用查询法进行编程，在主程序中需要有一段代码对单片机是否接收到了数据进行查询，这样会一直占用 CPU 的部分资源。如果使用中断法进行编程，单片机在接收到数据后才执行一次中断函数，这样可以减少程序占用 CPU 的资源。

（2）程序中使用中断可以提高单片机对事件的处理速度。如单片机串口接收数据，如果使用查询法进行编程设计需要一个程序周期才能查询一次，从数据准备好到开始传输的时间不确定，实时性不好。而如果使用中断法进行编程设计，那么单片机接收到数据后马上执行一次中断函数。使用中断发送中断传输时，数据或设备准备好信号有效时马上产生中断，此时马上进入中断处理程序进行数据传输，省去循环等待时间。如：9600bps时查询发送约占用单片机10ms多，而中断发送只占单片机几十微秒。说明使用中断能够使数据及时传输。

2. 中断函数使用全局变量与其他函数进行信息交换

为了能够编写好一个简洁的中断程序，应抓住中断的特点，即具有实时性，针对实时中断数据采集系统，也就是中断的特点在于数据的采集。因此在中断程序中只应该处理数据采集和标志位的设置，而将数据的处理放在中断之外，由主程序通过循环检测执行数据处理工作。具体做法是先定义需要的全局变量，作为采集来的数据的传递媒体，即存储采集数据，等待主程序的处理；中断程序负责数据的采集，并且将采集来的数据值赋给全局变量；主程序通过条件循环语句反复检测"存储缓冲区"情况，及时处理采集信息。这样的处理方法既能有效地实现中断的功能，又可以极大地缩减每个中断的时间，提高整个程序的反应速度。

【习　题】

1. 什么是中断？中断与调用子程序有何异同？举例说明 I/O 的中断控制。

2. 51 单片机有几个中断源？有几级中断优先级？各中断标志是怎样产生的，又是如何清除的？

3. 51 单片机响应中断的条件是什么？

4. 简述 CPU 响应中断的过程。

5. 外部中断有几种触发方式？如何选择？在何种触发方式下，需要在外部设置中断请求触发器？为什么？

6. 设在单片机的 P1.0 口接一个开关，用 P1.1 口控制一个发光二极管。要求当开关按下时 P1.1 口能输出低电平，控制发光二极管发亮，编制一个查询方式的控制程序。如果开关改接在 INT0 口，改用中断的方式，编一个中断方式控制程序。

7. 用两个开关在两地控制一盏楼梯路灯，用单片机控制，两个开关分别接在 INT0 和 INT1，采用中断方式编制控制程序。

第6章 集成定时器——提供精确的运行时间

📑【本章要点】 ◯

- 理解定时器/计数器的工作原理
- 掌握定时器/计数器寄存器的设置
- 掌握定时器/计数器的编程

单片机内部集成有两个定时器 T0、T1，可以理解为两个秒表。实际工程中，将工作流程分成许多时间节点（例如交通灯），程序可以查询到该时间，利用判断语句决定程序下一步做什么。

> **小提示 定时器计时与延时程序比较**
>
> 定时任务也可以通过编写延时函数的方法实现，但该方法占用 CPU 时间，影响 CPU 的工作效率，同时延时程序的时间不精确，不适合用于实时控制。
>
> 单片机内部集成有定时器，是 CPU 之外的单独一套电路，可以向 CPU 申请中断。用中断方法编程不占用 CPU 时间，编程方便。

❋ 6.1 古代的沙漏计时装置与单片机的集成定时器

中国古代沙漏计时的原理如图 6-1 所示。沙漏做成斗形样式，斗里面有沙子，斗的底部有个开孔，让沙子均匀地通过小孔流出来，根据流出沙子的多少来计算时间。沙漏有启停开关、读时间的刻度线、到时报警等装置。

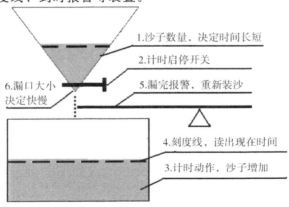

图 6-1 古代沙漏计时的原理图

51 单片机定时器/计数器的逻辑结构如图 6-2 所示。

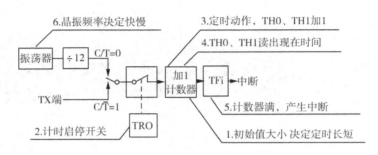

图 6-2　定时器/计数器结构框图

16 位的定时器/计数器由两个 8 位专用寄存器组成，即 T0 由 TH0 和 TL0 构成，T1 由 TH1 和 TL1 构成，这些寄存器是用于存放定时或计数的数值。

定时器/计数器实质上是一个加 1 计数器，其控制电路使 TH0 和 TL0 不断加 1。

小知识——定时器与沙漏计时比较

序号	功能	沙斗计时设备	51 单片机
1	选择计数脉冲数据来源	沙子数量	晶振脉冲或 T0、T1 引脚脉冲
2	计时启停开关	开关控制	TR0 控制
3	计时动作	沙子不断增加	寄存器 H0 和 TL0 计数值加 1
4	读出时间	能够直接看到沙子多少	读出 TH0、TH1 值
5	时间到了	启动报警装置，装沙，重新开始	产生中断标识，可以向 CPU 申请中断，并执行中断代码
6	运行快慢	沙漏口大小	晶振频

❋ 6.2　定时器/计数器相关的控制寄存器

T0、T1 工作过程是通过一些控制寄存器实现的，相关寄存器如表 6-1 所示。

表 6-1　定时器/计数器相关的寄存器

名称	功能描述
TCON	计数器控制寄存器，用于控制定时器的启动与停止
TMOD	用于设置定时器的工作方式
TH0	计数器 0 高 8 位计时寄存器
TL0	计数器 0 低 8 位计时寄存器
TH1	计数器 1 高 8 位计时寄存器
TLl	计数器 1 低 8 位计时寄存器

1. 工作方式控制寄存器 TMOD

TMOD 为 8 位寄存器，用于控制 T0 和 T1 的工作方式和工作模式。低 4 位用于 T0，高 4 位用于 T1。该寄存器不能按位寻址，各位含义如下：

D7	D6	D5	D4	D3	D2	D1	D0
GATE	C/$\overline{\text{T}}$	M1	M0	GATE	C/$\overline{\text{T}}$	M1	M0
决定 T1 的工作方式				决定 T0 的工作方式			

(1) GATE：门控位，当 GATE＝1 时，INT0 或 INT1 引脚为高电平，同时 TCON 中的 TR0 或 TR1 控制位为 1 时，计时器/计数器 0 或 1 才开始工作。若 GATE＝0，则只要将 TR0 或 TR1 控制位设为 1，计时器/计数器 0 或 1 就开始工作。

(2) C/$\overline{\text{T}}$：定时器或计数器功能的选择位。C/$\overline{\text{T}}$＝1 为计数器，通过外部引脚 T0 或 T1 输入计数脉冲。C/$\overline{\text{T}}$＝0 时为定时器，由内部系统时钟提供计时工作脉冲。

①计数功能：当定时器/计数器设置为计数工作方式时，计数器对来自输入引脚 T0 (P3.4) 和 T1 (P3.5) 的外部信号计数，外部脉冲的下降沿将触发计数。此时，单片机在每个机器周期对外部计数脉冲进行采样。如果前一个机器周期采样为高电平，后一个机器周期采样为低电平，即为一个有效的计数脉冲，在下一机器周期进行计数，TH0、TL0 (TH1、TL1) 加 1。可见采样计数脉冲是两个机器同期进行的，因此计数脉冲频率不能高于晶振频率的 1/24。

②定时功能：当定时器/计数器设置为定时工作方式时，TH0、TL0 (TH1、TL1) 计数器对内部机器周期计数，计数脉冲输入信号由内部时钟提供，每过一个机器周期，计数器增加 1，直至计满溢出。

定时器的定时时间与系统的振荡频率紧密相关，因为每个机器周期有固定时间，即一个机器周期由晶振的 12 个振荡脉冲组成。如果单片机系统采用 fosc＝12 MHz 晶振，则计数器的计数频率 fcont＝fosc×1/12＝1MHz，计数器计数脉冲的周期等于机器周期，即：

$$Tcont＝1/fcont＝1/（fosc×1/12）＝12/fosc$$

式中：fosc 为单片机振荡器的频率；fcont 为计数脉冲的频率。

这是最短的定时周期，适当选择定时器的初值可获取各种定时时间。MCS-51 单片机的定时器/计数器工作于定时方式时，其定时时间由计数初值和所选择的计数器的长度（如 8 位、13 位或 16 位）来确定。

每一个机器周期，都使计数器加 1，直到计数器计满为止。当计数器计满后，下一个机器周期使计数器清零，即溢出过程。

由开始计数到溢出，这段时间就是"定时"时间。定时时间长短与计数器预先装入的初值有关。初值越大，定时越短；初值越小，定时越长。最大定时时间为 65536 个机器周期。

小知识

TH0、TL0 是两个 8 位计数器，最大值是 65535，不可能是 65536。65535 再加 1 时计数器值会变成 0，这就是计数器的溢出。

（3）M1、M0：工作模式选择。

M1M0＝00：工作模式 0，13 位计数器/计时器；

M1M0＝01：工作模式 1，16 位计数器/计时器；

M1M0＝10：工作模式 2，8 位自动加载计数器/计时器；

M1M0＝11：工作模式 3，计数器 1 本身停止计时的工作，而计数器 0 分为两个独立的 8 位计数器，由 TH0、TL0 及 TH1、TL1 来负责计时的任务。

2. 定时器/计数器控制寄存器 TCON

TCON 各位含义如下：

B7	B6	B5	B4	B3	B2	B1	B0
TF1	TR1	TF0	TR0	IE1	IT1	IE0	IT0

TF0/TF1：定时器/计数器溢出中断请求标志位。

当计数器计数溢出时，单片机将该位置 1。使用查问方式时，此位做状态位可供查询，但应注意查询有效后应采用软件将该位清 0；使用中断方式时，此位做中断标志位，在进入中断服务程序时由片内硬件自动清 0。

TR0/TR1：定时器/计数器运行控制位。TR0（TR1）＝0 时停止定时器/计数器工作，TR0（TR1）＝1 时启动定时器/计数器工作。该位根据需要由软件方法使其置 1 或清 0。

小知识

定时器/计数器是内部集成的器件，使用时只需设置即可使用。

❋ 6.3　定时器/计数器的工作方式

定时器/计数器有 4 种工作方式。

1. 工作方式 0

图 6-3 所示是 T0 在定时工作方式 0 下的逻辑结构。方式 0 是对两个 8 位计数器 TH0、TL0（或 TH1、TL1）进行计数操作。其中高 8 位用 8 位，低 8 位只用低 5 位，从而构成了一个 13 位计数器。

计数时低 8 位 TL0（TL1）中低 5 位计满向高 8 位 TH0（TH1）进位，TH0（TH0）计满则使标志位 TF0 或 TH1 置 1，在允许中断的情况下产生中断申请。

（1）定时功能。$C/\overline{T}=0$，定时器对机器周期计数。定时时间的计算公式为：

$$(2^{13}-计数初值)\times晶振周期\times12$$

或

$$(2^{13}-计数初值)\times 机器周期$$

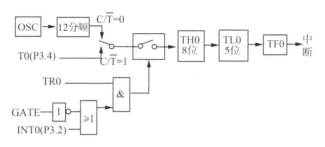

图 6-3　T0 在工作方式 0 下的逻辑结构

（2）计数功能。$C/\overline{T}=1$，控制开关接通计数引脚 T0（P3.4）或 T1（P3.5），此时在 T0 就计数 P3.4（或 P3.5）引脚上到来的脉冲个数，每检测到一个脉冲下降沿，就加 1 一次。即它作为计数器使用外部计数脉冲通过引脚供 13 位计数器使用。计数值的范围是 $1\sim8192$（2^{13}）。

例如，设 51 单片机晶振频率为 6MHz，使用定时器 1 以方式 0 产生周期为 500μs 的等宽正方波脉冲，在 P1.7 引脚输出。

欲产生周期为 500μs 的等宽正方波脉冲，只需在门 P1.7 端以 250μs 为周期交替输出高低电平即可，因此定时时间应为 250μs。设待求计数初值为 N，则：

$$(2^{13}-N)\times2\times10^{-6}=300\times10^{-6}$$

$$N=8067$$

则 TL1＝03H，TH1＝FCH。

小提示——关于初始值的计算

定时器计时时间是从初始值到溢出点的时间，许多初学者觉得不理解，为什么不是从 0 开始，而是要到溢出点呢？这是与单片机的硬件设计方面有关。当定时器 T0 或 T1 溢出时，单片机硬件会产生 TF0、TF1 标记并可以产生中断。为了使用这溢出标记，所以我们使用定时器进行编程时一般先设置定时器的初始值，然后到溢出点时检测 TF0（TF1）或进行中断处理。

定时器运行时 TH0、TL0 的值在不断加 1，最后加到溢出点。每加 1 次的时间为一个机器周期。

实际上，如果不使用 TF0、TF1 标记（中断），我们可以随时读出 TL0、TH0 的值，并且通过计算 TL0、TH0 的增加值得出定时器走过的时间。

2. 工作方式 1

工作方式 1 与工作方式 0 基本相同，只是其可以实现 16 位定时/计数，即在这种方式下使用 TH0 与 TL0 的全部 16 位。因此工作方式 0 所能完成的功能，工作方式 1 都可以实现。

为定时器工作方式时，定时时间计算公式为：

$$(2^{16}-计数初值)\times 晶振周期\times12$$

或

$$（2^{16}-计数初值）\times 机器周期$$

当计数器工作在方式 1 时，计数值的范围是 $1\sim 65536$（2^{16}）。

上例中，计数器工作在方式 1 时，$N=8067$。可以计算出：$TL1=83H$，$TH1=FFH$。

3. 工作方式 2

图 6-4 所示是 T0 在工作方式 2 下的逻辑结构。工作方式 2 能自动加载计数初值。这种工作方式将 16 位计数器分为两部分，即以 TL0（TL1）作计数器，以 TH0（TH1）做预置计数器，初始化时把计数初值分别装入 TL0（TL1）和 TH0（TH1）中。当计数器溢出时．通过片内硬件控制自动将 TH0（TH1）中的

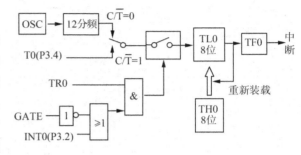

图 6-4 T0 在工作方式 2 的逻辑结构

计数初值重新装入 TL0（TL1）中，然后 TL0（TL1）又重新计数。定时时间的计算公式：

$$（256-计数初值）\times 晶振周期 \times 12$$

或

$$（256-计数初值）\times 机器周期$$

当 8 位计数器工作在方式 2 时，计数值的范围是 $1\sim 256$。

这种自动重新加载初始值的工作方式非常适用于循环或循环计数应用，如用于产生固定脉宽的脉冲。此外，对于 T1 可以作为串行数据通信的波特率发生器使用。

4. 工作方式 3

图 6-5 所示是 T0 在定时工作方式 3 下的逻辑结构。模式 3 的工作和前面我们所介绍的 3 种模式不太一样，计数器 0 被分为 2 个独立的 8 位计数器，分别由 TL0 及 TH0 来做计数。其中，TL0 仍然使用 T0 的各控制位、引脚和中断溢出标志，而 TH0 要占用 T1 的 TR1 和 TF1。

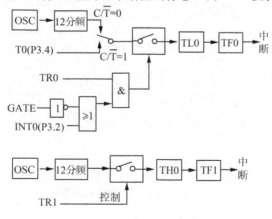

图 6-5 T0 在工作方式 3 的逻辑结构

其中 TL0 用原 T0 的各控制位、引脚和中断源，即 C/$\overline{\text{T}}$、GATE、TR0、TF0 和 T0（P3.4）引脚、INT0（P 3.2）引脚。TL0 除仅用 8 位寄存器外，其功能和操作与方式 0（13 位计数器）、方式 1（16 位计数器）完全相同，可设置为定时器方式或计数器方式。

TH0 只有简单的内部定时功能，它占用了定时器 T1 的控制位 TR1 和 T1 的中断标志位 TF1，其启动和关闭仅受 TR1 的控制。

计数器 1 仍然可以在工作方式 0，1，2 下工作，但是没有中断功能。这样 51 单片机的计时器在模式 3 工作时最多可以同时有 3 组计数器在工作。

工作方式 3 只适用于定时器 0。如果使定时器 1 为工作方式 3，则定时器 1 将处于关闭状态。

❊ 6.4　C 语言对定时器/计数器的编程

1. 编程时需考虑的问题

C51 对定时器/计数器的编程过程有两种方法，即查询法和中断法。编程需要考虑下面问题。

（1）是否需要中断，定时器/计数器在计数溢出时可以产生中断，如果需要该中断，则设置 IE 寄存器，使能对应的定时器/计数器中断；

（2）是否需要 GATE；

（3）是定时状态，还是计数状态，并设置 C/$\overline{\text{T}}$ 位。

2. 查询法的编程

基本步骤如下：

（1）设置 TMOD 寄存器，设置定时器/计数器工作方式；

（2）根据定时时间/计数大小，计算出 TH0、TL0 或 TH1、TL1 初始值；

（3）设置 TR0 或 TR1，启动对应的定时器/计数器；

（4）循环查询 TF0 或 TF1 的状态，如果为 1 则说明溢出；

（5）如果溢出，使 TF0 或 TF1 置 0，执行相应代码。

具体格式如下：

```
＃include ＜REGX51.H＞
void main（void）
{
    TMOD＝……；//设定工作模式
    TR0＝1；//启动定时器
    while（1）
    {
        TH0＝……；
        TL0＝……；//根据定时时间赋初始值
        while（TF0＝＝0）；//判断是否已经到溢出点，没到一直循环
```

······；//输出结果

　　TF0＝0；//人工将 TF0 置位

　　}

}

3. 中断法的编程

主程序初始化定时器/计数器及中断系统，初始化基本步骤如下：

（1）设置 IE 寄存器，置位相应 ET0 或 ET1 标志位及 EA 位，使能相关中断；

（2）设置 TMOD 寄存器，设置定时器/计数器工作方式；

（3）根据定时时间/计数大小，计算出 TH0、TL0 或 TH1、TL1 初始值；

（4）设置 TR0 或 TR1，启动对应的定时器/计数器；

（5）单独编写中断服务函数。

具体格式如下：

```
#include <REGX51.H>

void time (void) interrupt 1 （或 3）// 定时器中断
{
······//定时器/计数器服务代码
}

void main (void)
{
    TMOD＝······；//设定工作模式
    TH0＝······；
    TL0＝······；//根据定时时间赋初始值
    IE＝······；//允许定时器中断
    TR0＝1；//启动定时器
    while (1);
}
```

【例 6-1】　定时状态下，工作方式 1 的编程。

设单片机晶振频率为 6MHz，使用工作方式 1，产生周期为 500μs 的等宽正方波，并由 P1.0 输出。

分析：题目的要求可用图 6-6 来表示。

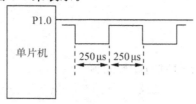

图 6-6　方波输出电路设计

由图 6-6 可以看出，只要使 P1.0 的电位每隔 250μs 取一次反即可。所以定时间应取 250μs。

（1）计算计数初值。设计数初值为 x，由定时计算公式知：

$(2^{16}-x) \times 2\mu s = 250\mu s$

$x=65411D$

$x=1111\ 1111\ 1000\ 0011B$

$x=0FF83H，TH1=0FFH，TL1=83H$

（2）专用寄存器的初始化。TMOD 设置的对应值如下：

GATE	C/$\overline{T}$	M1	M0	GATE	C/$\overline{T}$	M1	M0
0	0	0	1	0	0	0	0

所以，TMOD 应设置为 10H。

方法一：以查询方式编程，程序如下：

```
# include <REGX51.H>
void main (void)
{
    TMOD=0x10; //设定工作模式
    TR1=1; //启动定时器
    while (1)
     {
      TH1=0xFF;
      TL1=0x83; //根据定时时间赋初始值
      while (TF1==0); //判断是否已经到溢出点，没到一直循环
      P1_0=! P1_0; //输出结果
      TF1=0; //人工将 TF1 置位
     }
}
```

"while（TF1==0）；"语句的功能是查询 T1 是否已经到溢出点。当定时器没有到溢出点时，"TF1"的值是 0，while（）语句的条件满足，此时单片机一直处在 while（）语句的循环状态。只有当定时器溢出后，"TF1"的值变为 1，while（）语句的条件不满足，程序才跳出该循环。定时器溢出表示定时时间到。"P1_0=! P1_0；"语句是输出结果。定时器溢出后因为 TF1 的值是 1，所以使用"TF1=0；"语句人工将 TF1 置位。

方法二：以中断方式编程，利用定时器 T0 作 250μs 定时，达到定时值后引起中断，在中断服务程序中，使 P1.0 的状态取一次反，并再次定时 250μs。TMOD 应设置为 01H。程序如下：

```
# include <REGX51.H>
void time0 (void) interrupt 1 //T0 中断
```

```
{
    P1 _ 0=！ P1 _ 0；
    TH0=0xFF；
    TL0=0x83；
}
void main (void)
{
    TMOD=0x01；//设定工作模式
    P1 _ 0=0；
    TH0=0xFF；
    TL0=0x83；//根据定时时间赋初始值
    IE=0x82；//允许定时器中断
    TR0=1；//启动定时器
    while (1)；
}
```

【例 6-2】　工作方式 2 的应用。

小经验——使用定时器的工作方式 2 实现更精确的定时

当模式 0、模式 1 用于循环重复定时计数时，每次计数满溢出，寄存器全部为 0，第二次计数还需重新装入计数初值。这样编程麻烦，而且影响定时时间精度，而模式 2 解决了这种缺陷。

设单片机晶振频率为 6MHz，使用工作方式 2，产生周期为 500μs 的等宽正方波，并由 P1.0 输出。

解：用定时器 1，工作方式 2，由 T1 的中断来实现。

计数初值：X1=256－125=131=83H，所以 TH1=TL1=83H。

设置 TMOD：GATE=0；C/$\overline{\text{T}}$=0；M1M0=10B，TMOD=20H（定时方式，模式 2）

程序代码如下：

```
# include <REGX51.H>
void time (void) interrupt 3//T1 中断
{
    P1 _ 0=！ P1 _ 0；//P1.0 取反输出
}
void main (void)
{
    TMOD=0x20；
    TH0=0x83；
    TL0=0x83；//T1 计数初值
    IE=0x82；
```

```
    TR1＝1；//启动 T1
    while (1);
}
```

可以看出，模式 2 下定时器每次溢出后不必人工装入定时器初始值。计数的最高值是 256，其他与模式 1 相同。

小经验——定时器一般使用工作方式 1 和工作方式 2，其他两种方式一般不用。

【例 6-3】　工作方式 3 的应用。

通常情况下，T0 不运行于工作方式 3，只有在 T1 处于工作方式 2，并不要求中断的条件下才可能使用。这时，T1 往往用作串行口波特率发生器，TH0 用作定时器，TL0 作为定时器或计数器。方式 3 是为了使单片机有 1 个独立的定时器/计数器、1 个定时器以及 1 个串行口波特率发生器的应用场合而特地提供的。这时，可把定时器 1 用于工作方式 2，把定时器 0 用于工作方式 3。

程序代码如下：

```
# include ＜REGX51.H＞

void time (void) interrupt 1//T0 中断
{
    TL0＝0xFA；//T0 重赋初值
    P1 _ 0＝! P1 _ 0；//P1.0 取反输出
}

void time (void) interrupt 3//T1 中断
{
    TH0＝0x9C；//T1 重赋初值
    P1 _ 2＝! P1 _ 2；//P1.20 取反输出}

void main (void)
{
    TMOD＝0x23；//T0 模式 3，定时，T1 模式 2，定时
    TH0＝0x9C；// T1 计数初值
    TL0＝0xFA；//T0 计数初值

    //下面是设置 T0、T1 定时器
    IE＝0x8a；//开放 T0、T1 中断
    TR1＝1；//启动 T1
    TR0＝1；//启动 T0
```

```
//下面是设置波特率
SCON＝0x40;
TMOD＝0x20;
TH1＝0xe8;
TL1＝0xe8
while (1);
}
```

【例6-4】 TMOD寄存器中GATE位的应用。

小知识——GATE位的作用

GATE位是TMOD寄存器的一位，可以设置为0，1两种状态，其作用如图所示。当GATE＝0时，只有TR1位控制定时器/计数器的开关。当GATE＝1时，除了TR1位外，还有INT1引脚的电平同时控制定时器/计数器的开关。

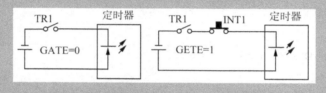

题目：利用GATE门控位测量从INT1引脚输入的正脉冲宽度。

分析：脉冲信号从单片机的INT1中断引脚输入，这样可以通过INT1引脚控制定时器T1的启停。测量原理如图6-7所示。正脉冲宽度是电平从低到高开始计时（上升沿），一直到由高到低结束（下降沿），中间持续的时间。

图6-7是利用GATE门控位测量脉冲宽度原理。GATE是单片机定时器的门控位，GATE＝1时，INT1管脚为高电平，而且同时TR1为1时定时器才进行计时工作。从图6-7所示可以看出，当输入脉冲为高电平时，T1对脉冲计时。当脉冲为低电平时，尽管TR1为1，T1仍立即停止对脉冲的计时。此时再设置TR1为0并读出脉冲的定时时间。这样通过使用GATE位，能够在脉冲高电平变为低电平时使定时器立即停止计时，保证了测量的准确度。

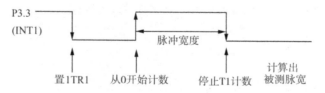

图6-7 利用GATE门控位测量脉冲宽度原理

（1）定时器T1工作在方式1，计时状态，GATE＝1，方式控制字TMOD＝1001 0000B＝90H。

（2）计算初值。由于被测正脉冲宽度未知，设定定时初值为 0，此时一次中断计数的值是 65536。

程序代码如下：

```
#include <regx51.h> /*头文件的包含*/
sbit CLK=P3^3; //被测信号输入端
uchar count; //T1 溢出次数
void timer1 (void) interrupt 3 //定时器 T1 中断
{
count++; //中断计数器加 1
}


void main (void)
{
    unsigned long wide;
    TMOD=0x90; //T1 工作于定时方式 1，GATE=1，由 CLK 高电平启动计时
    IE=0x84; //允许 T1 中断
    IT1=1; //外部中断负跳变触发
    while (1)
     {
      TH1=0; //测试前，计数器清 0
      TL1=0;
      count=0;
      while (CLK==1); //等待被测信号变低
      TR1=1; //启动 TO 定时，
      while (CLK==0); //当前脉冲为低电平，定时器不开始计时
      while (CLK==1); //此时才开始对脉宽计时
      TR1=0; //停止计时
      wide= (count * 65536) + (TH1<<8) +TL1; //算出脉宽
      ……; //处理结果
     }
}
```

有以上程序可以看出，脉宽的计算方法是 wide＝定时器中断的次数＋当前定时器的值。

❋ 6.5 定时器/计数器 T0 制作流水灯

1. 项目题目

定时器/计数器 T0 做流水灯

2. 项目任务

用单片机的定时器/计数器 T0 产生 2s 的定时，当第一个 2s 定时到来时，L1 指示灯开始以 0.2s 的速率闪烁，当下一个 2s 定时到来之后，L2 开始以 0.2s 的速率闪烁，如此循环下去。0.2s 的闪烁速率也由 T0 来完成。

3. 电路原理图

硬件电路如第 2 章（图 4-1）所示，8 个发光二极管 L1～L8 分别接在单片机的 P1.0～P1.7接口上。

4. 程序设计分析

T0 工作在方式 1（最高定时约 65ms），系统设置定时 50ms 时，采用中断编程。

此时 IE=；TH0=（65536-50000）/256；TL0=（65536-50000）/256；

定时 2s 需要 40 次中断，同样 0.2s 需要 4 次中断。

由于每次 2s 定时到时，L1～L8 要交替闪烁。采用 ID 来号来识别。当 ID=0 时 L1 在闪烁，当 ID=8 时 L8 在闪烁。

5.C 语言参考程序

```
#include <REGX51.H>
unsigned char tcount2s;
unsigned char tcount02s;
unsigned char ID;//第几个灯
bit flag=0;//明灭状态
void TIMER0 (void) interrupt 1
{
    tcount2s++;
    if (tcount2s==40)//2s 的定时
     {
      tcount2s=0;
      ID++;//决定控制第几个 LED
      flag=0;//灯开始状态是发光
      if (ID==8)ID=0;
    }
tcount02s++;
if (tcount02s==4)//0.2s 的定时
```

```
    {
        if (flag)
        P1_0=~ (0x01<<ID);
        else
        P1_0=0xff; //全灭
        flag=! flag;
        tcount02s=0;
    }
}
void main (void)
{
        TMOD=0x01;
        TH0= (65536—50000) /256;
        TL0= (65536—50000) % 256;
        IE=0x82;
        TR0=1;
        while (1);
}
```

小提示——（0x01<< ID）语句是什么功能？

0x01 表示二进制 0000 0001。ID 表示 0～7 之间的数，对应 8 个灯。如果是第 3 个灯，（0x01<<2）计算结果是 0000 0100B。

（0x01<<2）经过"~"符号按位取反后结果是 1111 1011B。

❋ 6.6　定时器/计数器的计数方式编程

MCS-51 单片机的两个定时器/计数器均有两种工作方式，即定时工作方式和计数工作方式。这两种工作方式由 TMOD 的 D6 位和 D2 位选择，即 C/$\overline{T}$ 位，其中 D6 位选择 T1 的工作方式，D2 位选择 T0 的工作方式。

小知识

用做计数器时，对从芯片引脚 T0 或 T1 上输入的脉冲进行计数；用做定时器时，对内部机器周期脉冲进行计数，通过设置 TMOD 的 C/$\overline{T}$ 位决定。其他编程方法是一样的。

【例 6-5】　如在某啤酒自动生产线上，需要每生产 100 瓶执行装箱操作，将生产出的啤酒自动装箱，由 P1.0 引脚控制包装机的启停。试用单片机 T0 的计数器功能实现该控制要求。

硬件电路如图 6-8 所示，生产线上装有传感装置，每检测到一瓶啤酒经过就向单片机发送一个脉冲信号，这样使用计数功能就可实现。设用 T0 的工作方式 2 来完成该题目。

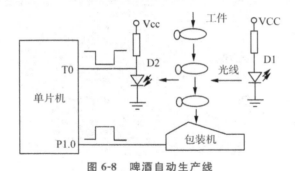

图 6-8 啤酒自动生产线

```
#include <REGX51.H>
unsigned int count;

void time0 _ int (void) interrupt 1 //定时器/计数器 0 中断服务程序
{
    unsigned char i;
    count += count; //箱数计数器加 1
    P1 _ 1 = 1; //启动外设包装
    for (i = 0; i<100; i++); //给外设足够时间
    P1 _ 0=0; //停止包装
}

void main ()
{
    P1 _ 0 =0;
    count = 0; //箱数计数器清 0
    TMOD = 0x06; //置定时器/计数器 0 工作方式
    TH0 = 0x9C;
    TL0 = 0x9C; //计数初值送计数器
    EA = 1;
    ET0 = 1;
    TR0 = 1; //启动定时器/计数器 0
    while (1);
}
```

❈ 6.7 定时器/计数器的应用进阶

(1) 关于定时器/计数器需要理清楚的几个概念。

①定时器/计数器是单片机内部已经集成的器件，不使用时不用管它，使用时直接编

程使用即可。

②T0、T1 分别是两个独立的器件，工作方式 0、1、2 下编程的方法一样。T0 对应的特殊功能寄存器是 TMOD 的低 4 位、TH0、TL0、TR0、TF0 以及 TR0、TF0，T1 对应的特殊功能寄存器是 TMOD 的低高 4 位、TH1、TL1、TR1、TF1 以及 TR1、TF1。

（2）T0、T1 可以同时使用，互不影响。

（3）定时器/计数器的编程格式是固定的。定时器/计数器的编程有固定的语句，使用时只需按需修改参数即可。

对于固定的格式，我们能够改变的只是设置的参数。例如，设置 TMOD 来改变定时器的工作方式，设置 TH0、TL0 改变定时器的初始值。

（4）在实际应用中可以根据需要将某个定时/计数器设为定时方式或设为计数方式。如果使用串口通信，还需要将 T1 或 T2 作为串行口波特率发生器。

❋ 6.8 使用定时器中断对红外线遥控器解码

红外线遥控是目前使用最广泛的一种通信和遥控手段。由于红外线遥控装置具有体积小、功耗低、功能强、成本低等特点，因而继彩电、录像机之后，在录音机、音响设备、空调机以及玩具等其他小型电器装置上也纷纷采用红外线遥控。工业设备中，在高压、辐射、有毒气体、粉尘等环境下，采用红外线遥控不仅完全可靠，而且能有效地隔离电气干扰。

1. 红外遥控系统

通用红外遥控系统由发射和接收两大部分组成。应用编/解码专用集成电路芯片来进行控制操作，如图 6-9 所示。发射部分包括键盘矩阵、编码调制、LED 红外发送器；接收部分包括光、电转换放大器、解调、解码电路。

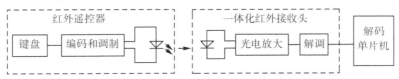

图 6-9　红外线遥控系统框图

2. 红外遥控发射器及其编码

遥控发射器专用芯片很多，常见的编码方式是采用脉宽调制的串行码，以脉宽为 0.565ms、间隔为 0.56ms、周期为 1.125ms 的组合表示二进制的"0"；以脉宽为 0.565ms、间隔为 1.685ms、周期为 2.25ms 的组合表示二进制的"1"，其波形如图 6-10 所示。

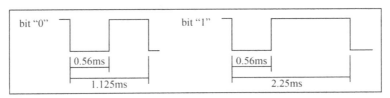

图 6-10　遥控码的"0"和"1"（注：所有波形为接收端的与发射相反）

上述"0"和"1"组成的 32 位二进制码经 38kHz 的载频进行二次调制以提高发射效率，达到降低电源功耗的目的。然后再通过红外发射二极管产生红外线向空间发射，如图 6-11 所示。

图 6-11　遥控信号编码波形图

32 位二进制码组前 16 位为用户识别码，能区别不同的电器设备，防止不同机种遥控码互相干扰。该芯片的用户识别码固定为十六进制 01H；后 16 位为 8 位操作码（功能码）及其反码。

遥控器在按键按下后，周期性地发出同一种 32 位二进制码，周期约为 108ms。一组码本身的持续时间随它包含的二进制"0"和"1"的个数不同而不同，在 45～63ms 之间，图 6-12 为发射波形图。

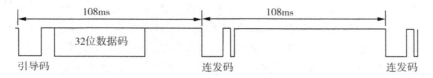

图 6-12　遥控连发信号波形

当一个键按下超过 36ms，振荡器使芯片激活，将发射一组 108ms 的编码脉冲，这 108ms 发射代码由一个引导码（9ms），一个结果码（4.5ms），低 8 位地址码（9～18ms），高 8 位地址码（9ms～18ms），8 位数据码（9～18ms）和这 8 位数据的反码（9～18ms）组成。如果键按下超过 108ms 仍未松开，接下来发射的代码（连发码）将仅由起始码（9ms）和结束码（2.25ms）组成。引导码与连发码如图 6-13 所示。

图 6-13　引导码与连发码

3. 遥控信号接收装置

接收电路可以使用一种集红外线接收和放大于一体的一体化红外线接收器，如图 6-14 所示。它将红外接收二极管、放大、解调、整形等电路做在一起，不需要其他任何外接元件，就能完成从红外线接收到输出与 TTL 电平信号兼容的所有工作，而体积和普通的塑封三极管大小一样，它适合于各种红外线遥控和红外线数据传输。

接收器有 3 个引脚，即 Out、GND、VCC，与单片机接口非常方便，如图 6-14 所示，实验时使用锁紧座转接板和杜邦线将两者连接。

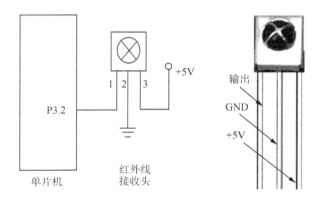

图 6-14　一体化红外线接收器与单片机的连接

（1）脉冲信号输出接，直接接单片机的 Out 口。

（2）GND 接系统的地线（GND）。

（3）VCC 接系统的电源正极（+5V）。

4. 遥控信号的解码算法及程序编制

平时遥控器无键按下，红外发射二极管不发出信号，遥控接收头输出信号 1。有键按下时，0 和 1 编码的高电平经遥控头倒相后会输出信号 1 和 0。由于与单片机的中断脚相连，将会引起单片机中断（单片机预先设定为下降沿产生中断）。单片机在中断时使用定时器 0 或定时器 1 开始计时。到下一个脉冲到来时，即再次产生中断时，先将计时值取出。清零计时值后再开始计时。通过判断每次中断与上一次中断之间的时间间隔，便可知接收到的是引导码还是 0 和 1。如果计时值为 9ms，接收到的是引导码；如果计时值等于 1.12ms，接收到的是编码 0；如果计时值等于 225ms，接收到的是编码 1。在判断时间时，应考虑一定的误差值。因为不同的遥控器由于晶振参数等原因，发射及接收到的时间也会有很小的误差。

以接收 TC9012 遥控器编码为例，解码方法如下：

（1）设外部中断 0（或者 1）为下降沿中断，定时器 0（或者 1）为 16 位计时器，初始值均为 0。

（2）第一次进入遥控中断后，开始计时。

（3）从第二次进入遥控中断起，先停止计时。并将计时值保存后，再重新计时。如果计时值等于前导码的时间，设立前导码标志。准备接收下面的一帧遥控数据，如果计时值不等于前导码的时间，但前面已接收到前导码，则判断是遥控数据的 0 还是 1。

（4）继续接收下面的地址码、数据码、数据反码。

（5）当接收到 32 位数据时，说明一帧数据接收完毕。此时可停止定时器的计时，并判断本次接收是否有效。如果两次地址码相同且等于本系统的地址，数据码与数据反码之和等于 0FFH，则接收的本帧数据码有效，否则丢弃本次接收到的数据。

（6）接收完毕，初始化本次接收的数据，准备下一次遥控接收。

程序代码如下（使用 12MHz 晶振）：

＃include＜reg51.h＞

```
#include<stdio. h>
#include<intrins. h>

#define TURE 1
#define FALSE 0

sbit IR=P3^2；//红外接口标志
unsigned charcodedofly [] =
{0x3f, 0x06, 0x5b, 0x4f, 0x66, 0x6d, 0x7d, 0x07, 0x7f, 0x6f};

unsigned char irtime；//红外用全局变量
bit irpro_ok, irok；
unsigned char IRcord [4]；
unsigned charirdata [33]；

void Delay (unsigned char mS)；

void tim0_isr (void) interrupt 1 //定时器 0 中断服务函数
{
irtime++；
}

void ex0_isr (void) interrupt 0 //外部中断 0 服务函数
{
    static unsigned char i；
    static bit startflag；
    if (startflag)
{

    if (irtime<42 && irtime>=33) i=0；//引导码 TC9012 的头码
    irdata [i] =irtime；//一次存储 32 位电平宽度
    irtime=0；
    i++；
    if (i==33)
    {
      irok=1；
     i=0；
```

```
        }
    }
else {irtime=0; startflag=1;}
}


void TIM0init (void) //定时器 0 初始化
{
    TMOD=0x02; //定时器 0 工作方式 2，TH0 是重装值，TL0 是初值
    TH0=0x00; //reload value
    TL0=0x00; //initial value
    ET0=1; //开中断
    TR0=1;
}


void EX0init (void)
{
    IT0 = 1; //Configure interrupt 0 for falling edge on /INT0 (P3.2)
    EX0 = 1; // Enable EX0 Interrupt
    EA = 1;
}


void Ir _ work (void) //红外键值散转程序
{
    switch (IRcord [2]) //判断第三个数码值
{
    case 0: P1=dofly [1]; break; //1 显示相应的按键值
    case 1: P1=dofly [2]; break; //2
    case 2: P1=dofly [3]; break; //3
    case 3: P1=dofly [4]; break; //4
    case 4: P1=dofly [5]; break; //5
    case 5: P1=dofly [6]; break; //6
    case 6: P1=dofly [7]; break; //7
    case 7: P1=dofly [8]; break; //8
    case 8: P1=dofly [9]; break; //9
    }
irpro _ ok=0; //处理完成标志
}
```

```
void Ircordpro (void) //红外码值处理函数
{
    unsigned char i, j, k;
    unsigned char cord, value;
    k=1;
    for (i=0; i<4; i++) //处理 4 个字节
{

    for (j=1; j<=8; j++) //处理 1 个字节 8 位
{

        cord=irdata [k];
        if (cord>7) value=value | 0x80; //大于某值为 1
        else value=value;
        if (j<8) value=value>>1;
        k++;
    }
  IRcord [i] =value;
   value=0;
}
irpro_ok=1; //处理完毕标志位置 1
}


void main (void)
{
    EX0init (); // Enable Global Interrupt Flag
    TIM0init (); //初始化定时器 0
    P2=0x00; //1 位数码管全部显示
    while (1) //主循环
      {
       if (irok)
     {
       Ircordpro (); //码值处理
       irok=0;
       }
if (irpro_ok) //step press key
Ir_work (); //码值识别散转
    }
}
```

❄ 6.9　定时器应用——时间表方法开发系统

控制系统中，许多系统可以使用时间表方式来描述，即将整个控制过程分成许多时间节点段，每个时间段做不同的工作，例如生活中常见的自动洗衣机、米糊机器等。

6.9.1　时间表方式开发系统的原理

利用时间表方式开发系统的原理如图 6-15 所示。程序先定义全局变量 T，利用定时器中断产生标准计时，使变量 T 每秒加 1。主程序判读 T 在哪个时间段就执行哪段程序。

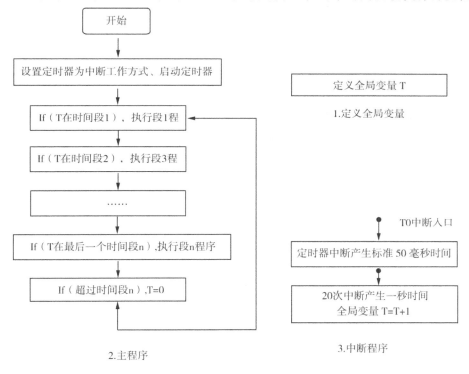

图 6-15　利用时间表方式开发系统的原理

具体代码框架如下：

```c
#include <reg51.h>
unsigned int T; //全局变量
//定时器中断
void int_t1 () interrupt 1
{
    if (1s 到)
{
    T++;
```

```
        }
    }
//主程序
void main ()
{
    定时器初始化，定时器中断允许
    while (1)
    {
    判断时间 T，决定该时间段程序
    如果本周期完毕，T 恢复 0；
    }
}
```

6.9.2   时间表方式开发交通灯程序控制系统

交通灯系统的时间节点分析如表 6-2 所示。

表 6-2   交通灯系统的时间节点分析

时间节点	交通灯动作	程序编制
时间段 1	东西绿灯亮，南北红灯亮，东西方向通车，延时 35s。P1＝0001 1110B＝1EH	if（0＜＝T＜27）（P1＝0x1E；）
时间段 2	东西方向黄灯亮，南北方向红灯亮，延时 3 秒；P1＝001 0111 101B＝2DH	if（27＜＝T＜30）（P1＝0x2D；）
时间段 3	东西红灯亮，南北绿灯亮，南北方向通车，延时 27 秒；P1＝0 0110 011B＝33CH	if（30＜＝T＜57）（P1＝0x33；）
时间段 4	南北方向黄灯亮，东西方向红灯亮，共 3 秒。P1＝0 0110 101B＝35H	if（57＜＝T＜60）（P1＝0x35；）
本轮循环结束	返回时间段 1	if（T＜＝60）（T＝0；）

【例 6-6】   交通灯系统的程序编程（时间节点法）。

电路图如图 6-16 所示。

程序如下：

```
#include <reg51.h>
#defineuint unsigned int
#defineuchar unsigned char

uint T=0;
ucharcount=0;
```

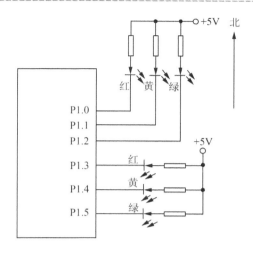

图 6-16　交通灯电路图

```
//定时器中断
void timer0 () interrupt 1 using 1
{
    TH0＝ (65536－50000) /256；
    TL0＝ (65536－50000)%256；
    count＋＋；//每 50ms 中断一次
    if (count＝＝20) //每 1s 一次
{

    count ＝0；
    T＋＋；//全局变量
  }
}


void t0 _ init () //初始化定时器
{
    TMOD＝0x01；//用定时器 0 方式 1
    TL0＝15536/256；
    TH0＝15536%256；
    TR0＝1；//启动定时器 0
    EA＝1；//打开中断
    ET0＝1；//打开定时器 0 中断
}


void main ()
```

```
{
    t0 _ init ()；//初始化定时器
    while (1)
{
    if (T<35) //时间段1
{
    P1=0x1E；//点亮南北绿灯，东西红灯
}
if ((T>=35) & (T<38)) //时间段2
{
    P1=0x2D；//南北黄灯亮，东西依然红灯
}
    if ((T>=38) & (T<65)) //时间段3
{
    P1=0x33；//南北亮红灯，东西绿灯
}
    If ((T>=65) & (T<68)) //时间段4
    {
    P1=0x35；//南北亮红灯，东西绿灯
}
    if (T>=68) //本轮循环结束，开始下一轮
{
T=0；
    }
    }
}
```

上面程序是利用将每一轮循环的总时间 T 来判断在哪个时间段。也可以使用一个全局变量记录现在是哪个时间段，对应程序如下：

```
# include <reg51. h>
# defineuint unsigned int
# defineuchar unsigned char

uint T=0；
ucharcount=0；
ucharstep=1；//表示现在是第几个时间段
ucharsec [] = {35, 3, 27, 3}；//表示每个时间段的时间长短
```

```
//定时器中断
void timer0 () interrupt 1 using 1
{
        TH0＝（65536－50000）/256；
        TL0＝（65536－50000)%256；
        count++；//每 50ms 中断一次
        if（count==20）//每 1s 一次
        {
        count ＝0；
        T++；//全局变量
        }
}


void t0 _ init () //初始化定时器
{
        TMOD＝0x01；//用定时器 0 方式 1
        TL0＝15536/256；
        TH0＝15536%256；
        TR0＝1；//启动定时器 0
        EA＝1；//打开中断
        ET0＝1；//打开定时器 0 中断
}


void main ()
{
    t0 _ init ()；//初始化定时器
    while（1）
    {
        ……//检测按键，修改红绿灯时间值（sec []数组值）
        if（step==1）//时间段 1
        {
          P1＝0x1E；//点亮南北绿灯，东西亮红灯
          if（T>=sec [0]）{T=0；step=2；}//时间到，进入下一个时间段
        }
        if（step==2）//时间段 2
        {
          P1＝0x2D；//南北亮黄灯，东西依然亮红灯
```

```
        if (T>=sec [1]) {T=0; step=3;} //时间到，进入下一个时间段
    }
      if (step==3) //时间段 2
    {
      P1=0x33; //南北亮红灯，东西亮绿灯
       if (T>=sec [2]) {T=0; step=4;} //时间到，进入下一个时间段
    }
    if (step==4) //时间段 2
      {
      P1=0x2D; //南北亮黄灯，东西依然亮红灯
      if (T>=sec [3]) {T=0; step=1;} //时间到，进入下一轮循环
      }
    }
}
```

【习　题】

1. 51 系列单片机内部有几个定时器/计数器？它们分别有几种操作方式？如何选择和设定？

2. 51 系列单片机定时方式和计数方式的区别是什么？

3. 试说明方式寄存器。TMOD 和控制寄存器 TCON 各位的功能。

4. 以计数器 0 工作模式 0 设计一程序产生 3ms 宽的方波信号。

5. 设晶振主频为 12MHz，定时 1min，必须用到定时器/计数器 0，试设计方案并编程序。

6. 晶振主频为 12MHz，要求 P1.0 输出周期为 1ms 对称方波；要求 P1.1 输出周期为 3ms 不对称方波，占空比为 1∶2（高电平短、低电平长），试用定时器的方式 1 编程。

7. 健身房换气系统要求如下：5min 排风，休息 3min，4min 进风，休息 2min，周期执行。单片机晶振主频为 12MHz，使用时间表方法设计系统。

第7章 利用集成串口联网通信

【本章要点】

- 了解单片机串口的结构
- 理解单片机串口的寄存器
- 掌握单片机行口的编程

随着单片机的广泛应用和计算机网络技术的普及，单片机的通信功能越来越重要。单片机通信是指单片机与计算机或单片机与单片机之间的信息交换，通常单片机与计算机之间的通信使用得比较多。

通信的传输方式可以分为两大类：并行通信与串行通信。在单片机系统中，信息的交换多采用串行通信方式。

并行通信是将数据字节的各位用多条数据线同时进行传送。并行通信的优点是控制简单、传输速度快。并行通信是构成数据信息的各位同时进行传送的通信方式，例如 8 位数据或 16 位数据并行传送。图 7-1(a)所示为并行通信方式的示意图。其特点是传输速度快，缺点是需要多条传输线，当距离较远、位数又多时，导致通信线路复杂且成本高。在单片机中，一般常常用于 CPU 与 LED、LCD 显示器的连接，CPU 与 A/D、D/A 转换器之间的数据传送等并行接口方面。

串行通信是数据一位接一位地顺序传送。图 7-1(b)所示为串行通信方式的示意图。其优点是通信线路简单，只要一对传输线就可以实现通信（如电话线），从而大大地降低了成本，特别适用于远距离通信，缺点是传送速度慢。

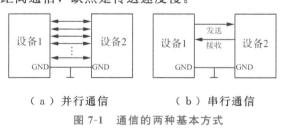

（a）并行通信 　　（b）串行通信

图 7-1　通信的两种基本方式

单片机内部有一个全双工的串行接口。应用该串行接口，可以实现单片机与其他外部设备（如变频器）的通信，也可以与计算机进行信息交换。

❋ 7.1　单片机的集成串口

单片机串口有如下特点：

（1）串口是集成在单片机内部的，发送过程和接收过程类似收发快递。发送只需要将数据给快递员即可。有数据到来时，快递公司会通知你取货。

（2）收发的波特率、每帧位数可以自己设定，可以适应联网通信的要求。

单片机串口的结构如图 7-2 所示。

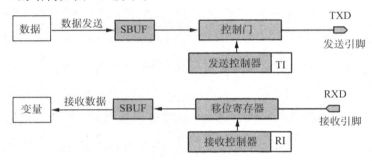

图 7-2　集成串口结构

单片机串口数据的收发是通过控制内部寄存器"SBUF"实现，"SBUF"类似快递员，发送过程是向 SBUF 寄存器写数据，接受过程是从 SBUF 寄存器读数据。单片机串口通过两个物理引脚 TXD、RXD 收发数据（Transmition、Receive）。

根据发送与接收设备时钟的配置情况串行通信可以分为异步通信和同步通信。

1. 异步通信

异步通信是指通信的发送与接收设备使用各自的时钟控制数据的发送和接收过程。

异步传送的特点是数据在线路上的传送不连续，在传送时，数据是以字符为单位组成字符帧进行传送的。字符帧由发送端一帧一帧地发送，每一帧数据位的低位在前、高位在后，通过传输线被接收端一帧一帧地接收。发送端和接收端可以由各自独立的时钟来控制数据的发送和接收，这两个时钟彼此独立，互不同步。

在异步通信中，接收端是依靠字符帧格式来判断发送端是何时开始发送，何时结束发送的。字符帧格式是异步通信的一个重要指标，是单片机与外设之间通信的约定。

字符帧也叫数据帧，由起始位、数据位、奇偶校验位和停止位 4 个部分组成。图 7-3 所示为异步传送的字符帧格式。

起始位：位于字符帧开始，起始位为 0 信号，只占 1 位，用于表示发送字符的开始。

数据位：紧接起始位之后的就是数据位，它可以是 5 位、6 位、7 位或 8 位，传送时低位在先、高位在后。

奇偶校验位：数据位后面的 1 位为奇偶校验位，可 0 可 1，可要也可以不要，由用户决定。

停止位：位于字符帧最后，它用信号 1 来表示 1 帧字符发送的结束，可以是 1 位、1

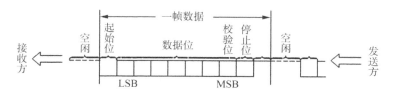

图 7-3　异步通信的格式

位半或 2 位。

小知识——奇偶校验

在发送数据时，数据位尾随的 1 位为奇偶校验位（1 或 0）。奇校验时，数据中 1 的个数与校验位 1 的个数之和应为奇数；偶校验时，数据中 1 的个数与校验位 1 的个数之和应为偶数。接收字符时，对 1 的个数进行校验，若发现不一致，则说明传输数据过程中出现了差错。

在串行通信中，两相邻字符帧之间，可以没有空闲位，也可以有若干空闲位，这由用户来决定。

串口数据格式与快递包裹的比较如表 7-1 所示。

表 7-1　单片机串口与快递包裹的比较式

时间节点	发送方	接收方	与快递比较
空闲时间	保持高电平	检测到高电平，认为没有数据需要接收	没有人要发件
开始位	由高电平转为低电平	检测到电平由高变低（下降沿），认为有数据需要接收。开始按照时间节点接收数据	有人送来包裹
通信的数据	按照时间节点发送数据	按照时间节点接收数据	运输
结束位	由低电平转为高电平	将数据存放到单片机的内部寄存器中	派送人员收到包裹，电话联系客户

异步通信的特点是不要求收发双方时钟的严格一致，实现容易，设备开销较小，但每个字符要附加 2～3 位用于起止位，各帧之间还有间隔，因此传输效率不高。

2. 同步通信

同步通信时要建立发送方时钟对接收方时钟的直接控制，使双方达到完全同步。此时，传输数据位之间的距离均为"位间隔"的整数倍，同时传送字符间不留间隙，即保持位同步关系，也保持字符同步关系。如图 7-4 所示。

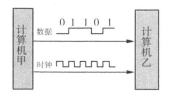

图 7-4　同步通信的格式

3. 传输速率

串行通信的速率用波特率来表示。波特率即数据传送的速率，是每秒钟传输二进制代码的位数，单位是：位/s（bps）。如每秒钟传送 240 个字符，而每个字符格式包含 10 位（1 个起始位、1 个停止位、8 个数据位），这时的比特率为：

$$10 \text{ 位} \times 240 \text{ 个}/s = 2400bps$$

典型串行传输的波特率有 110bps、150bps、300bps、1200bps、2400bps、4800bps、9.6kbps、19.2kbps、28.8kbps、33.6kbps。

4. 串口通信双方的默契传输的条件

由图 7-3 可以看出，串口通信双方要默契地传输数据，需满足下面条件：

（1）什么时候开始收发数据。由开始位完成该功能。

（2）发送端和接收端的速率需要相同。通过设置通信双方的波特率实现。

（3）通信的数据是几位。通过设置通信双方的通信位数实现。

通信协议——通信双方需要约定通信的数据格式

对于串行通信，数据信息、控制信息要在一条线上依次传送。为了对数据和控制信息进行区分，收发双方要事先约定共同遵守的通信协议。通信协议约定的内容包括数据格式、同步方式、传输速率、校验方式等。

❀ 7.2 串行口及其有关的寄存器

51 单片机内部提供了一个标准的串行接口，即 UART，是一个全双工的串行接口，能够在同一时间同时传送数据和接收数据。单片机串口与外围电路连接的引脚是 RXD（P3.0）和 TXD（P3.1）。

与单片机串行口有关的特殊功能寄存器有三个，即 SBUF、SCON、PCON 寄存器。

1. 串口收发数据中的快递员——SBUF 特殊功能寄存器

SBUF 是两个在物理上独立的接收、发送寄存器，一个用于存放接收到的数据，另一个用于存放待发送的数据，因此单片机可同时发送和接收数据。当通过串口发送一个字节的数据时，只需要编程将这个数据放入 SBUF 寄存器即可，单片机硬件就会将这个数据按照串行通信协议从 TXD 引脚自动传送出去。当单片机接收其他设备传送过来的串行数据时，单片机通过 RXD 引脚收集通信数据，并将这些串行位收集成一个 8 位的字节数据，然后放到 SBUF 寄存器，等待 CPU 的读取。

通过对 SBUF 的读、写语句来区别是对接收缓冲器还是发送缓冲器进行操作。CPU在写 SBUF 时，操作的是发送缓冲器；读 SBUF 时，就是读接收缓冲器的内容。

【例 7-1】 单片机通过串行口发送数据 "0xaa"，C 语言的写法为：

SBUF＝0xaa；

单片机会自动将 "0xaa" 转换成标准的串行数据格式发送出去。

【例 7-2】 单片机串口已经接收到了一字节数据，如果想读出该数据并放到变量 rec

中，C 语言的写法为：

unsingned char rec；//定义变量

rec＝SBUF；//读取接收到的数据变量

小知识——关于串口通信时数据丢失问题

　　SBUF 是两个在物理上独立的接收、发送寄存器。单片机在发送数据时，访问串行发送寄存器；接收数据时，访问串行接收寄存器。接收器具有双缓冲结构，即在从接收寄存器中读出前一个已收到的字节之前，便能接收第二个字节，如果第二个字节已经接收完毕，第一个字节还没有读出，则将丢失其中一个字节，编程时应特别注意。对于发送器，因为数据是由 CPU 控制并发送的，所以不需要考虑发送时的数据丢失。

　　2. 收发通信协议的制定——串口控制寄存器（SCON）

SCON 寄存器的结构如下：

B7	B6	B5	B4	B3	B2	B1	B0
SM0	SM1	SM2	REN	TB8	RB8	TI	RI

　　SM0、SM1：控制串行口的工作方式。（其功能详见串行口工作方式部分）

　　SM2：允许方式 2 和方式 3 进行多机通信控制位。在方式 2 或方式 3 中，如 SM2＝1，则接收到的第 9 位数据（RB8）为 0 时不激活 RI；在方式 1 时，如 SM2＝1，则只有收到有效停止位时才会激活 RI。若没有接收到有效停止位，则 RI 清 0。在方式 0 中，SM2 应为 0。

　　REN：允许串行接收控制位。由软件置位时允许接收，由软件清零时终止接收。

　　TB8：是工作在方式 2 和方式 3 时，要发送的第 9 位数据，根据需要由软件置位或复位。

　　RB8：是工作在方式 2 和方式 3 时，接收到的第 9 位数据。在工作方式 1，如果 SM2＝0，RS8 是接收到的停止位。在工作方式 0，不使用 RB8。

　　TI：发送中断标志位。由片内硬件在方式 0 串行发送第 8 位结束时置 1，或在其他方式串行发送停止位的开始时置 1。在转向中断服务程序后必须由软件清零。

　　RI：接收中断标志位。由片内硬件在方式 0 串行接收到第 8 位结束时置位 1，其他工作方式在串口接收到停止位的中间时置 1。该位在转向中断服务程序后必须由软件人工清零。

　　SCON 的所有位复位时被清零。

　　【例 7-3】　设定串口的工作模式为工作模式 1，可以接收串行数据。

SCON 寄存器各位设置如下：

SM0＝0；SM1＝1；REN＝1；TI＝0。

C 语言的写法为：

SCON＝0x50；

3. 特殊功能寄存器 PCON

PCON 没有位寻址功能，与串行接口有关的只有 D7 位 SMOD，其结构如下：

B7	B6	B5	B4	B3	B2	B1	B0
SMOD	/	/	/	GF1	GF0	PD	IDL

SMOD：波特率选择位，为波特率倍增位。当 SMOD＝1 时，串行口波特率增加一倍。当 SMOD＝0 时，串行口波特率为正常设定值。当系统复位时，SMOD＝0。

C 语言编程如下：

PCON＝0x80；//波特率倍增时

PCON＝0x00；//波特率不倍增时，默认

❋ 7.3 串行接口的工作方式

51 单片机串行接口的工作方式有四种，由 SCON 中的 SM0、SM1 定义，如表 7-2 所示。

四种工作方式中，串行通信只使用方式 1，2，3。方式 0 主要用于扩展并行输入输出口。

表 7-2 串行口工作方式

SM0 SM1	方式	功能说明	波特率
0 0	方式 0	移位寄存器方式	fosc/12
0 1	方式 1	8 位 UART	可变
1 0	方式 2	9 位 UART	fosc/64 或者 fosc/32
1 1	方式 3	9 位 UART	可变

1. 串行工作方式 0

工作方式 0 是同步移位寄存器方式，时序图如图 7-5 所示。在此模式下，通信的串行数据通过 RXD 引脚输入或输出，而 TXD 引脚输出同步移位脉冲。每次接收或发送的数据都是 8bit，没有起始位或结束位，8bit 的传送顺序是 LSB（D0）最先。方式 0 的功能是在作 I/O 的扩充，与前面所讲的串行式 I/O 无关。

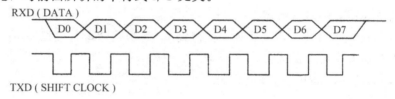

图 7-5 工作方式 0 的时序图

(1) 使用 74LS164 扩展输出口。电路图如图 7-6 所示，将单片机的 TXD 和 RXD 接到外部的一个 8 位串入并出（74LS164）寄存器，就可以使用方式 0 输出数据。当数据写入 SBUF 后，数据从 RXD 端在移位脉冲（TXD）的控制下，逐位移入 74LS164，74LS164 能完成数据的串并转换。当 8 位数据全部移出后，TI 由硬件置位，发生中断请求。若 CPU 响应中断，则开始执行串行口中断服务程序，数据由 74LS164 并行输出。

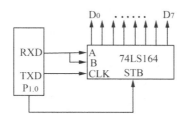

图 7-6 使用 74LS164 扩展输出口

(2) 使用 74LS165 扩展输入口。电路图如图 7-7 所示，使用并入串出芯片（74LS165），它是利用 TXD 引脚输出移位脉冲，以控制外部的并入串出电路，将输入端口上的 8 位数据从 RXD 引脚读进来。要实现接收数据，需激活串行输入的功能，具体是由软件设定 REN＝1、RI＝0。当 REN 设置为 1 时，数据就在移位脉冲的控制下，从 RXD 端读入 8 位数据。当单片机接收到 8 位数据时，置位接收中断标志位 RI，发生中断请求。

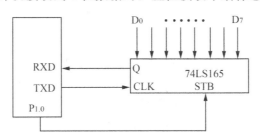

图 7-7 外接移位寄存器输入

2. 串行工作方式 1

方式 1 为 10 位为一帧的异步串行通信方式。在此方式下，UART 是通过 TXD 引脚传送数据到外部，RXD 引脚则接收外面所送过来的串行数据。其帧格式如图 7-8 所示，由 10 个 bit 组成，为 1 个起始位、8 个数据位（低位在前）和 1 个停止位。

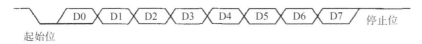

起始位　　　　　　　　　　　　　　　　　　　　　　　　停止位

图 7-8 工作方式 1 的帧格式

工作方式 1 传送或接收位数据的波特率由 Timer 1 控制，因此其传送速率是可变的。

串行口工作在方式 1 时，单片机会检查 RXD 引脚上是否有如图 7-5 所示的串行脉冲输入。当 REN＝1 且接收端检测到 RXD 引脚上有 1－＞0 的变化（起始位），UART 接收端会分成 8 次读入 D0～D7，当成一个字节，然后将这个接收到的 8 位数据放入 SBUF 寄存器中，把停止位送入 RB8 中，并且将 SCON 寄存器里的 RI 位设为 1，等待 CPU 来读取。因此 CPU 只要检查 RI 位，就可以确定 SUBF 寄存器的内容是否有效。

要将一个 bit 的数据通过串行口传送出去，只要将该数据写入单片机的 SBUF 寄存器，串行口就会将这个数据转换成一帧数据从 TXD 引脚输出。输出一帧数据后，TXD 保持在高电平状态下，并将 TI 置位，通知 CPU 可以进行下一个字符的发送。

3. 串行工作方式 2

与工作方式 1 不同，方式 2 为 11 位为一帧的异步串行通信方式。其帧格式如图 7-9 所示，为 1 个起始位、8 个数据位、1 个 D8 位和 1 个停止位。D8 位在 SCON 寄存器里的一个位（TB8、RB8），是 51 单片机为多个 CPU 之间的通信所设计的一个特殊位，如果不做多处理结构通信时，该位可以用来当作相同位（Parity）或停止位使用。

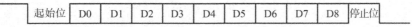

| 起始位 | D0 | D1 | D2 | D3 | D4 | D5 | D6 | D7 | D8 | 停止位 |

图 7-9　工作方式 2 的帧格式

在发送数据时，应先在 SCON 的 TB8 位中把第 9 个数据位的内容准备好。这可使用如下指令完成：

$$TB8=1；//TB8 位置 "1"$$
$$TB8=0；//TB8 位置 "0"$$

发送数据（D0～D7）由 MOV 指令向 SBUF 写入，而 D8 位的内容则由硬件电路从 TB 8 中直接送到发送移位器的第 9 位，并以此来启动串行发送。一个字符帧发送完毕后，将 TI 位置 "1"，其他过程与方式 1 相同。

方式 2 的接收过程也于方式 1 基本类似，所不同的只在第 9 数据位上，串行口把接收到的前 8 个数据位送入 SBUF，而把第 9 数据位送入 RB8。

方式 2 的波特率是固定的，而且有两种，即 fosc/32 和 fosc/64。

4. 串行工作方式 3

工作方式 3 与工作方式 2 的动作与功能完全一样，其间的差别是工作方式 3 的数据传输速率是由 Timer 1 所控制（在 8052 可以使用 Timer 2 来控制），因此工作方式 3 的波特率是可变的。其波特率的确定同方式 1。

❋ 7.4　通信波特率的设定方法

1. 方式 0 的波特率

方式 0 的波特率固定在 fosc/12，如果晶振为 12MHz，则波特率为 1MHz。

2. 方式 2 的波特率

方式 2 的波特率是固定的，用公式表示则为：

$$波特率 = \frac{2^{SMOD}}{64} \times fosc$$

SMOD 为 PCON 寄存器的第 7 位，其值为 1 或 0。由此公式可知，当 SMOD 为 0 时，波特率为 fosc/64；当 SMOD 为 1 时，波特率为 fosc/32。

【例 7-4】　石英振荡器频率为 12MHz 时，SMOD＝1，则波特率为 375kbps。

3. 方式 1 和方式 3 的波特率

方式 1 和方式 3 的波特率是可变的，由单片机的定时器 T1 作为波特率发生器。波特率的计算公式为：

$$波特率 = \frac{2^{SMOD}}{32} \times （定时器 1 的溢出率）$$

定时器 T1 一般选用工作方式 2（即自动加载定时初值方式），这样可以避免通过程序反复装入定时初值所引起的定时误差，使波特率更加稳定。此时波特率的计算公式为：

$$波特率 = \frac{2^{SMOD}}{32} \times \frac{fosc}{12 \times （256 - X）}$$

式中，X 为定时初值。

许多单片机系统选用时钟频率为 11.0592MHz 的晶体震荡器，这样易获得标准的波特率。表 7-3 列出了定时器 T1 工作于方式 2 时常用波特率及初值。

表 7-3　T1 工作于方式 2 时波特率及初值

常用波特率	fosc（MHz）	SMOD	TH1 初值
19200	11.0592	1	FDH
9600	11.0592	0	FDH
4800	11.0592	0	FAH
2400	11.0592	0	F4H
1200	11.0592	0	E8H

❋ 7.5　串行通信的编程

C51 对定时器/计数器的编程过程可分为查询法和中断法，编程过程如下。

1. 查询法

基本步骤如下：

（1）设定控制寄存器 SCON，即设定串行通信的工作模式是否允许接收；

（2）根据波特率，选取 SMOD 值，并计算出 TH1、TL1 的初始值；

（3）设置 PCON 寄存器的 SMOD 项；

（4）设置 TMOD 寄存器，一般设定计时器 T1 为工作模式 2；

（5）送 TH1、TL1 初始值；

（6）设置 TR1＝1，启动波特率发生器；

（7）循环查询 RI 或 TI 的状态，如果为 1 则说明发送或接收成功；

（8）如果 RI＝1，从 SBUF 读出接收到的数据。语句形式为：

$$变量＝SBUF$$

2. 中断法

主程序初始化串口、定时器/计数器及中断系统，初始化基本步骤如下：

（1）设置 IE 寄存器，置位相应 ES 标志位及 EA 位，使能串口中断；

（2）设定控制寄存器 SCON，设置串行通信的工作模式、是否允许接收；

（3）根据波特率，确定 SMOD 值，计算出 TH1、TL1 初始值；

（4）设置 PCON 寄存器的 SMOD 项；

（5）设置 TMOD 寄存器，设 T1 为工作模式 2；

（6）送 TH1、TL1 初始值；

（7）设置 TR1＝1，启动波特率发生器。

单独编写串口中断服务函数方式如下：

```
void time（void）interrupt 4 using m
{
……//串口中断服务代码
}
```

❄ 7.6 串口编程实例

【例 7-5】 用 74LS164 的并行输出端接数码管，利用它的串入并出功能，把数码管点亮，并反复循环。

电路图如图 7-10 所示。

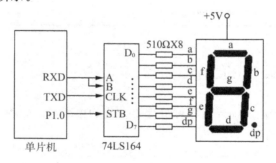

图 7-10 单片机通过 74LS164 驱动数码管

题目分析：此题主要练习串口工作方式 0 的编程。设置串口工作在方式 0，通过串口发出串行数据，经串入并由芯片 74LS164 转换后，驱动数码管（逻辑 0 亮）。

程序代码如下：

```
# include <reg51.h>
sbit STB＝P1^0;
```

unsigned char code table[]={0xc0,0xf9,0xa4,0xb0,0x99, 0x92,0x82,0xf8,0x80,
0x90};

```
void Delay _ xMs (uint x) //延时函数 x 毫秒
{
……//参考前面程序
}
void main ()
{
    unsigned char a;
    SCON=0x00; //串口为移位寄存器模式
    while (1) //循环显示 0～9
    {   for (a=0; a<10; a++;)
        { STB=1;
          SBUF=table [a%10]; //把个位送到 SBUF
          while (TI==0); //等待发送是否完毕
          TI=0; //置发送标志为零
          STB=0; //置为零，防止乱码
          Delay _ xMs (1000); //延时显示

        }
    }
}
```

【例 7-6】　　通过单片机传送出一个字符。设定 51 单片机晶振的时钟＝11.0592MHz，串行传输波特率＝1200bps，起始位＝1，8 个数据位，1 个停止位。

题目分析：此题主要练习串口在工作方式 1 时，串行传输的设定与程序编写。

（1）串行端口模式的设定，设置 SCON 寄存器。

设定为工作模式 1：SM0＝0；SM1＝1；SM2＝0；即：SCON＝0x50；

（2）波特率的设定。单片机时钟＝11.059MHz，波特率＝1200，则：SMOD＝0；TMOD＝0x20；

TL1＝TH1＝232＝0xE8；

PCON 于 CPU Reset 时为 0，故可省略而不必设定。

激活计时器 1，TR1＝1；

程序代码：

```
#include <REGX51.H>
//延时函数，参考其他程序自己编写
void DelayM (unsigned int a) //延时函数 1ms/次
{
```

```
……; //略
}
//初始化串口
void initsend（void）
{
    SCON＝0x50; //设置串口的工作方式
    TMOD＝0x20;
    TH1＝0xE8;
    TL1＝0xE8;
    TR1＝1;
    PCON＝0x00; //上面5行决定波特率
}


//从串口发出一字节数据
void send _ char _ com（unsigned char temp）
{
    SBUF＝ temp;
    while（TI＝＝0）; TI＝0 表示硬件没有发送完数据
    TI＝0;
}


void main（void）
{
    unsigned char i;
    inits end（）;
    while（1）
     {
       send _ char _ com（i）; //发送数据
      DelayM（3000）; //每3s发送一个数据
      i＋＋;
     }
}
```

STC 单片机下载软件自带串口调试软件（使用方法见附录2），调试结果如图7-11所示，可以看出串口发送数据并且被计算机接收。

【例7-7】 通过单片机串口采用中断方式接收一个字符。设定51单片机的时钟＝11.059MHz，串行传输波特率＝1200bps，起始位＝1，8个数据位，1个停止位。

题目分析：此题主要练习串口在工作方式1时，串行接收的设定与程序编写。

图 7-11 单片机串口发送数据显示到计算机上

（1）串行端口模式的设定，设置 SCON 寄存器。

设定为工作模式 1，SM0＝0；SM1＝1；SM2＝0；REN＝1；

激活计时器 1，TR1＝1；

即：SCON＝0x50；

（2）波特率的设定。

单片机时钟＝11.059MHz，波特率＝1200，则：SMOD＝0；TMOD＝0x20；

TL1＝TH1＝232＝0xE8；

（3）中断的设定：IE＝0x90；

PCON 于 CPU Reset 时为 0，故可省略而不必设定。

（4）变量的设定。设置两个全局变量 temp、read_flag。接收中断执行后，temp 用于存储接收到的一字符，同时置 read_flag 为 1。主程序检测到 read_flag＝1，读取 temp 变量。

程序代码如下：

```
# include <REGX51.H>
unsigned char temp=0; //全局变量，中断接收数据存放位置
unsignedbit read_flag; //全局变量，接收到数据的标记
//数码管程序，参考其他章节程序自己编写
void show (unsigned in tdat)
{
……; //略
}
//初始化串口函数
void inits (void)

{
```

```
        SCON= 0x50；//设置串口的工作方式
        TMOD = 0x20；
        TH1 = 0xE8；
        TL1 = 0xE8；
        TR1= 1；
        PCON = 0x00；//上面5行决定波特率
        IE = 0x90；//允许串口中断
}
//从串口发出一字节数据
void send _ char _ com（unsigned char temp）
{
        SBUF= temp；
        while（TI==0）；TI=0表示硬件没有发送完数据
        TI=0；
}


//串口中断子程序
void serial（）interrupt 4 using 3
{
        if（RI）//如果是接收到数据中断
         {
          temp =SBUF；//接收的数据存放在全局变量
          read _ flag=1；//提示主程序有数据需要接收
          while（RI==0）；//RI=0表示硬件没有接收完数据
          RI = 0；//RI 复位，方便下次接收
         }
}


void main（void）
{
        inits（）；//初始化串口
        while（1）
         {
         if（read _ flag）//全局变量判断有数据需要接收
          {
           read _ flag=0；//等待下一个数据
           send _ char _ com（temp/2）；//将接收到的数据处理后返回
```

```
    }
    show (temp) //读出 temp 值，显示到数码管上
    }
}
```

使用下载软件自带的串口调试软件，点击发送数据，单片机收到数据后显示到数码管上，并且向计算机发送处理后的数据，调试结果如图 7-12 所示。

图 7-12　单片机接收数据并返回处理结果

小提示——关于串口波特率

串口程序格式固定，上面程序能够修改的只有 TH1、TL1，TH1＝0xD0 对应 1200bps，TH1＝0xFD 对应 9600bps，TH1＝0xE8 对应 2400bps。

✤ 7.7　使用单片机串口与其他设备通信

51 单片机的串口是使用 TXD、RXD 引脚，其电平信号为 TTL 电平，即 0V 是逻辑 0，5V 是逻辑 1。实际控制系统中需要将电平信号转换为其他串口协议，如常见的 RS-232C 协议、RS-485 协议、USB 口等。

1. 通过 RS-232C 接口与计算机通信

有的计算机集成有串行接口 RS-232C，通常使用 9 芯的接插件（DB9 插头和插座），如图 7-13 所示。通过 RS-232C 口，单片机可以与计算机通信，不但可以实现将单片机的数据传输到计算机端，而且也能实现计算机对单片机的控制，比如可以很直观地把红外遥控器键值的数据码显示在计算机上。

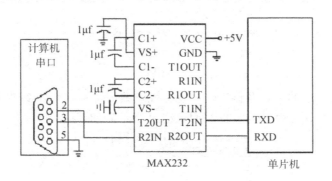

图 7-13　单片机与计算机 232 口通信的电路图

RS-232C 标准定义－15～－5V 是逻辑 1，＋5～＋15V 是逻辑 0。单片机使用 RS-232C 通信时必须把单片机输出的 TTL 电平转换为 RS-232 标准电平。

MAX232 系列芯片为 MAXIM（美信）公司生产的，包含两路接收器和驱动器的单电源电平转换芯片，适用于各种 RS-232C 接口，可以把单片机输入的＋5V 电源电压转换成 RS-232 输出电平所需的＋10V 或－10V 电压。封装图如图 7-14 所示，表 7-4 所示是引脚功能说明。

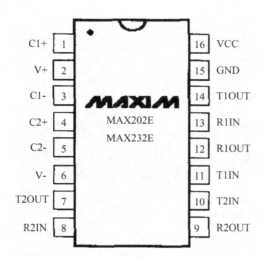

图 7-14　MAX232 封装图

表 7-4　MAX232 引脚功能说明

VCC	供电电压
GND	地
C+、C-	外围电容
T1IN	第一路 TTL/CMOS 驱动电平输入
T1OUT	第一路 RS-232 电平输出
R1IN	第一路 RS-232 电平输入
R1OUT	第一路 TTL/CMOS 驱动电平输出
T2IN	第二路 TTL/CMOS 驱动电平输入
T2OUT	第二路 RS-232 电平输出
R2IN	第二路 RS-232 电平输入
R2OUT	第二路 TTL/CMOS 驱动电平输出

2．通过 USB 接口与计算机通信

现在的计算机（特别是笔记本计算机）没有集成串口，可以通过 USB 转串口线扩展一个串口。USB 转串口线的功能是把 USB 口转换成串口，能轻松实现计算机 USB 接口到单片机串口协议之间的转换。

前面章节使用的下载线是 USB 转串口线的一种，其他串口线可以参照它的使用方法。

3．通过 RS-485 接口与其他设备通信

RS-485 是美国电气工业联合会（EIA）制定的利用平衡双绞线作传输线的多点通信标

准。它采用差分信号进行传输，最大传输距离可以达到 1.2km，最大可连接 32 个驱动器和收发器；接收器最小灵敏度可达±200mV；最大传输速率可达 2.5Mb/s。RS-485 协议正是针对远距离、高灵敏度、多点通信制定的标准。

使用 MAX485 接口芯片完成单片机 TTL 电平与 RS-485 协议的转换。MAX485 是 Maxim 公司的 RS-485 接口芯片，如图 7-15 所示。

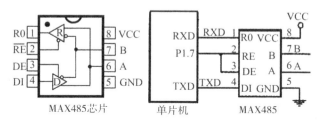

图 7-15　使用 MAX485 芯片实现 RS-485 协议

MAX485 采用单一电源＋5V 工作，额定电流为 300μA，采用半双工通信方式。MAX485 的 R0 和 DI 端分别为接收器的输出端和驱动器的输入端，与单片机连接时只需分别与单片机的 RXD 和 TXD 相连即可。RE 和 DE 端分别为接收和发送的使能端，当 RE 为逻辑 0 时，器件处于接收状态；当 DE 为逻辑 1 时，器件处于发送状态。因为 MAX485 工作在半双工状态，所以只需用单片机的一个管脚控制这两个引脚即可；A 端和 B 端分别为接收和发送的差分信号端。当 A 引脚的电平高于 B 时，代表发送的数据为 1；当 A 的电平低于 B 端时，代表发送的数据为 0。与单片机连接时的接线非常简单，只需要一个信号控制 MAX485 的接收和发送即可。

4. VB 对计算机串口的编程

VB 在标准串口通信方面提供了具有强大功能的通信控件 MSCOMM，文件名为 MSCOMM. OCX。该控件是将 RS-232 的初级操作予以封装，用户通过高级的 Basic 语言即可实现 RS-232 串行通信的数据发送和接收，并不需要了解其他有关的初级操作，因此使用起来非常方便。

MSComm 控件的主要属性以及本系统中对其属性的设置如表 7-5 所示。

表 7-5　MSComm 控件的主要属性

属性	说明	本系统设置
CommPort	设置并返回通信端口号（1 或 2）	用户设置
Settings	以字符串的形式设置波特率、奇偶校验、数据位、停止位	9600，n，8，1
PortOpen	设置并返回通信端口的状态。也可以打开和关闭端口	True
Input	从接收缓冲区返回字符	接收数据用
Output	向传输缓冲区写一个字符	发送数据用
InputMode	数据以二进制形式存取	1

使用 MSComm 控件时，首先需要向工具箱添加 MSComm 控件。方法如下：选择

"工程"菜单中"部件"项,"控件"页中选中 Microsoft Comm control 5.0 项,点击"确定",完成 MSComm 控件的添加。

VB 是基于面向对象编程的方法,编程时只需修改 MSComm 对象的属性值即可。

(1) 计算机串口发送数据的编程。利用 MSComm 控件发送数据只需要向控件的 Output 属性写入输出的二进制数据即可,VB 代码如下:

MSc1. Output= 要输出的二进制数据

其中,MSc1 是 MSComm 控件的对象名,Output 是 MSComm 控件对象的属性。

(2) 计算机串口接收数据的编程。MSComm 控件在接收数据方面提供两种处理通信的方式:①事件驱动通信,即发送或接收数据过程中触发 Oncomm 事件,通过编程访问 CommEvent 属性了解通信事件的类型,分别进行各自的处理;②查询方式,即通过检查 CommEvent 属性的值来查询事件和错误。采取事件驱动方式的 VB 代码如下:

Public Sub msc1 _ OnComm () //接收数据触发 OnComm () 事件

　　Select Case MSc1. CommEvent//在 CommEvent 中接收数据

　　Case comEvReceive

　　av = MSc1. Input//av 是接收到的数据

　　　　…… //根据接收到的数据进行处理

　　　End Select

　　End Sub

MSc. Output=//要输出的二进制数据

【习　题】

1. 异步传送和同步传送有什么不同?

2. 单工、半双工和全双工通信方式有什么区别?

3. 51 单片机串行口由哪些功能寄存器控制? 它们各有什么作用?

4. 51 串行口有几种工作方式? 各自特点是什么?

5. 试述串行口方式 0 和方式 1 发送与接收的工作过程。

6. 设计一个发送程序,将 1~100 顺序从串行口输出。

7. 设串行口上外接一个串行输入的设备,单片机和该设备之间采用 9 位异步通信方式,波特率为 2400bps,晶振为 11.0592MHz。编写接收程序。

第8章 单片机与其他设备的总线技术

📖【本章要点】

• 掌握单片机常用的总线
• 能够根据芯片的时序图编制程序

目前单片机外部设备常用的总线主要有 I^2C 总线、SPI 总线、1-Wire 总线、CAN 总线、USB 总线等。单片机与外设之间常使用串行总线进行数据传输，这样可以节省单片机的接口资源。

❈ 8.1 I^2C 总线接口

I^2C 总线是由 Philips 公司开发的两线式串行总线，具有接口电路简单、控制简单、可进行系统的标准化设计、灵活性强、可维护性好等优点，目前已成为一种重要的串行通信总线，是在微电子通信控制领域广泛采用的一种新型总线标准。I^2C 总线的最大长度是7.62m，最高数据传送速率为 400kbps，能够以 10kbps 的最大传输速率支持 40 个组件。

1.I^2C 总线的基本原理

I^2C 总线使用两根信号线作为传输线，一根是双向的数据线 SDA，既可发送数据也可接收数据，另一根是时钟线 SCL。每个 I^2C 器件均并联在这条总线上，而且每个 I^2C 器件都有唯一的地址，并可以通过软件寻址，通过地址来识别通信对象。

I^2C 器件在通信时，一个器件作为产生串行时钟（SCL）的主机，而其他器件则作为从机，如图 8-1 所示。CPU 发出的控制信号分为地址码和数据码两部分。地址码用来选址，即接通需要控制的电路；数据码是通信的内容，这样各 I^2C 器件虽然挂在同一条总线上，却彼此独立。

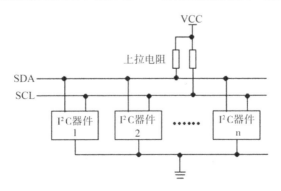

图 8-1 I^2C 总线系统的接线图

I²C 总线支持多主和主从两种工作方式，通常为主从工作方式。在主从工作方式中，系统中只有一个主器件（单片机），其他器件都是具有 I²C 总线的外围从器件。在主从工作方式中，主器件启动数据的发送（发出启动信号），产生时钟信号，发出停止信号。

I²C 总线协议对传输时序有严格的要求，总线的数据传输时序如图 8-2 所示。总线上传送的每帧数据均为 1 个字节。但启动 I²C 总线后，传送的字节数没有限制，只要求每传送 1 个字节后，对方回应 1 个应答位。在发送时，首先发送的是数据的最高位。每次传送开始时有开始信号，结束时有结束信号。在总线传送完 1 个字节后，可以通过对时钟线的控制，使传送暂停。

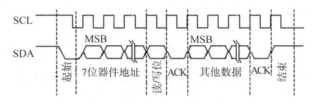

图 8-2   I²C 总线的数据传输时序

为了保证数据传送的可靠性，标准 I²C 总线的数据传送有严格的时序要求，各信号解释如下：

（1）发送启动（始）信号：进行数据传输时，首先由主机发出启动信号，启动 I²C 总线。在 SCL 为高电平期间，SDA 出现上升沿则为启动信号。此时，具有 I²C 总线接口的从器件会检测到该信号。

（2）发送寻址信号：主机发送启动信号后，再发出寻址信号。器件地址有 7 位和 10 位两种，这里只介绍 7 位地址寻址方式。7 位寻址字节的寻址信号由一个字节构成，高 7 位为地址位，最低位为方向位，用以表明主机与从器件的数据传送方向。方向位为 0，表明主机接下来对从器件进行写操作；方向位为 1，表明主机接下来对从器件进行读操作。

主机发送地址时，总线上的每个从机都将这 7 位地址码与自己的地址进行比较，如果相同，则认为自己正被主机寻址，根据 R/W 位将自己确定为发送器或接收器。

从机的地址由固定部分和可编程部分组成。在一个系统中可能希望接入多个相同的从机，从机地址中可编程部分决定了可接入总线该类器件的最大数目。如一个从机的 7 位寻址位有 4 位是固定位，3 位是可编程位，这时仅能寻址 8 个同样的器件，即可以有 8 个同样的器件接入该 I²C 总线系统中。

（3）应答信号：I²C 总线协议规定，每传送 1 个字节数据（含地址及命令字）后，都要有一个应答信号，以确定数据传送是否被对方收到。应答信号由接收设备产生，在 SCL 信号为高电平期间，接收设备将 SDA 拉为低电平，表示数据传输正确，产生应答。

（4）数据传输：主机发送寻址信号并得到从器件应答后，便可进行数据传输，每次 1 个字节，但每次传输都应在得到应答信号后再进行下一字节传送。

（5）非应答信号：当主机为接收设备时，主机对最后一个字节不应答，以向发送设备表示数据传送结束。

（6）发送停止信号：在全部数据传送完毕后，主机发送停止信号，即在 SCL 为高电平期间，SDA 上产生一上升沿信号。

小提示

目前市场上很多单片机都已经集成有 I²C 总线，这类单片机在工作时，总线状态由硬件监测，无须用户介入，操作非常方便。但是 51 单片机并不具有 I²C 总线接口，但我们可以通过软件模拟 I²C 总线的工作时序，并将其编辑成函数。在使用时，只需正确调用各个函数就能方便操作 I²C 总线器件。

随着 I²C 技术的广泛应用，传统的 7 位从器件地址（Slaver Addresses）已经无法满足实际需要，在改进的 I²C 总线协议中增加了 10 位从地址寻址技术，这样可以把从器件地址由原来的 100 多个扩充为 1024 个。

2. I²C 总线接口器件——AT24C0X 器件

AT24C0X 是 I²C 串行 E²ROM，X 表示存储器容量大小。该列存储器芯片采用 CMOS 工艺制造，内置有高压泵，可在单电压 1.8～5.5V 宽电源范围内可靠工作，可以保证 100000 次擦/写周期和有效保存数据 10 年。

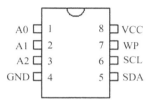

图 8-3　AT24C01 引脚

图 8-3 所示是 DIP8 封装形式的 AT24C01，其中 SCL 是串行时钟端，在 SCL 信号的上升沿时系统将数据输入每个 EEPROM 器件，在 SCL 信号的下降沿时系统将数据输出。SDA 是串行数据端，该引脚为开漏极驱动，可双向传送数据。VCC 是＋5V 的工作电源。当 WP 接高电平时，存储器被保护，禁止对器件进行任何写操作。

A0、A1、A2 是器件/页面寻址，为器件地址输入端。AT24C 系列 E²PROM 的型号地址高 4 位皆为 1010，器件地址中的低 3 位为引脚地址 A2、A1、A0。在一个单总线上最多可连接 8 个 AT24CXX 器件（对于 AT24C01/AT24C02），并可以通过 A2、A1、A0 来区分。

		MSD								LSB
AT24C01/02	1K/2K	1	0	1	0	A2	A1	A0	R/W
AT24C04	4K	1	0	1	0	A2	A1	P0	R/W
AT24C08	8K	1	0	1	0	A2	P1	P0	R/W
AT24C16	16K	1	0	1	0	P2	P1	P0	R/W

图 8-4　AT24C0X 的地址描述

对于 AT24C04 器件未连接 A0，对于 AT24C08 器件未连接 A0、A1，对于 AT24C04 器件未连接 A0、A1、A2。图 8-4 所示给出了器件对应的地址，A2、A1、A0 表示由连接引脚的电平给定，P2、P1、P0 由软件编程给出。

向 AT24C01 写 1 个字节操作的时序如图 8-5 所示。单片机送出开始信号后，接着送控制字节，表示 ACK 位后面为待写入数据字节的字地址和待写入数据字节，最后是停止位的写入。

从 AT24C01 读指定地址的内容的操作如图 8-6 所示。操作顺序为开始位、写控制字（器件地址＋R/W 位＋ACK＋存储地址＋ACK）、读控制字（器件地址＋R/W 位＋

ACK＋读出数据＋不应答位)、停止位。

	1010000	0	ACK	xxxxxxxx	ACK	xxxxxxxx	ACK	
启动	器件地址	写	应答	存储地址	应答	数据	应答	停止

图 8-5　AT24C01 的写数据的时序

	1010000	0	ACK	xxxxxxxx	ACK		1010000	1	ACK	xxxxxxxx	NO ACK	
启动	器件地址	写	应答	存储地址	应答	启动	器件地址	读	应答	数据	不应答	停止

图 8-6　AT24C01 的读数据的时序

3. 单片机读写 AT24C0X 的程序

单片机与 AT24C0X（以 AT24C01 为例）连接的电路图如图 8-7 所示。

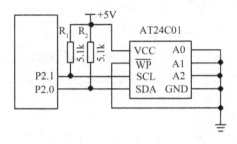

图 8-7　AT24C01 与单片机连接的电路图

图中 R_1、R_2 为上拉电阻（5.1kΩ）。A0～A2 地址引脚均接地。单片机的 P2.0 引脚连接 AT24C01 的 SDA 引脚，P2.1 引脚连接 AT24C01 的 SCL 引脚。WP 接地，表示可以对器件进行正常的读写两种操作。

读写代码如下：

```
#include <REGX51.H>
#include <intrins.h>
#define uchar unsigned char
#define uint unsigned int
#define AddWr 0xa0          //器件地址选择及写标志
#define AddRd 0xa1          //器件地址选择及读标志

/* 有关全局变量 */
sbit Sda= P3^7;             //串行数据
sbit Scl= P3^6;             //串行时钟
sbit WP= P3^5;              //硬件写保护
void mDelay (uchar j)
```

```
{
uint i;
for (; j>0; j——)
{
for (i=0; i<125; i——)
{;}
}
}


/*起始条件*/
void Start (void)
{
Sda=1;
Scl=1;
_nop_ (); _nop_ (); _nop_ (); _nop_ ();
Sda=0;
_nop_ (); _nop_ (); _nop_ (); _nop_ ();
}


/*停止条件*/
void Stop (void)
{
Sda=0;
Scl=1;
_nop_ (); _nop_ (); _nop_ (); _nop_ ();
Sda=1;
_nop_ (); _nop_ (); _nop_ (); _nop_ ();
}


/*应答位*/
void Ack (void)
{
Sda=0;
_nop_ (); _nop_ (); _nop_ (); _nop_ ();
Scl=1;
_nop_ (); _nop_ (); _nop_ (); _nop_ ();
Scl=0;
```

```
}

/*反向应答位*/
void NoAck (void)
{
Sda=1;
_nop_ (); _nop_ (); _nop_ (); _nop_ ();
Scl=1;
_nop_ (); _nop_ (); _nop_ (); _nop_ ();
Scl=0;
}

/*发送数据子程序, Data 为要求发送的数据*/
void Send (uchar Data)
{
uchar BitCounter=8; //位数控制
uchar temp; //中间变量控制
do
{
temp=Data;
Scl=0;
_nop_ (); _nop_ (); _nop_ (); _nop_ ();
if ( (temp & 0x80) ==0x80) //如果最高位是 1
Sda=1;
else
Sda=0;
Scl=1;
temp=Data<<1; //RLC
Data=temp;
BitCounter——;
} while (BitCounter);
Scl=0;
}

/*读一个字节的数据,并返回该字节值*/
uchar Read (void)
{
```

```
uchar temp=0;
uchar temp1=0;
uchar BitCounter=8;
Sda=1;
do {
Scl=0;
_nop_ (); _nop_ (); _nop_ (); _nop_ ();
Scl=1;
_nop_ (); _nop_ (); _nop_ (); _nop_ ();
if (Sda) //如果 Sda=1
temp=temp | 0x01; //temp 的最低位置 1
else
temp=temp & 0xfe; //否则 temp 的最低位清 0
if (BitCounter-1)
{
temp1=temp<<1;
temp=temp1;
}
BitCounter--;
} while (BitCounter);
return (temp);
}


void WrToROM (uchar Data [], uchar Address, uchar Num)
{
uchar i;
uchar *PData;
PData=Data;
for (i=0; i<Num; i++)
{
Start (); //发送启动信号
Send (0xA0); //发送 SLA+W
Ack ();
Send (Address+i); //发送地址
Ack ();
Send (* (PData+i));
Ack ();
```

```
Stop ();
mDelay (20);
}
}


void RdFromROM (uchar Data [], uchar Address, uchar Num)
{
uchar i;
uchar * PData;
PData＝Data;
for (i＝0; i＜Num; i＋＋)
{
Start ();
Send (0xA0);
Ack ();
Send (Address＋i);
Ack ();
Start ();
Send (0xA1);
Ack ();
* (PData＋i) ＝Read ();
Scl＝0;
NoAck ();
Stop ();
}
}


void main ()
{
uchar Number [4] ＝ {1, 2, 3, 4};
WP＝ 1;
WrToROM (Number, 4, 4); //将初始化后的数值写入 EEPROM
mDelay (20);
Number [0] ＝0;
Number [1] ＝0;
Number [2] ＝0;
Number [3] ＝0; //将数组中的值清掉，以验证读出的数是否正确
```

```
RdFromROM (Number, 4, 4);
}
```

❋ 8.2　SPI 接口

SPI 是串行外围设备接口的简称，是美国 Motorola 公司推出的一种应用在多种微处理器、微控制器以及外设之间的全双工、同步、串行数据接口标准。

SPI 总线是基于 3 线制的同步串行总线，它在速度要求不高、低功耗、需保存少量参数的智能化仪表及测控系统中得到广泛应用。使用 SPI 总线接口不仅能简化电路设计，还可以提高设计的可靠性。

SPI 总线采用 3 根（不含片选信号）或 4 根（含片选信号）信号线进行数据传输，Motorola 公司将 4 根信号线分别定义为：

（1）SCLK（Serial Clock），串行时钟线，主机启动发送并产生 SCLK，从机被动接收时钟；

（2）MISO（Master In Slave Out），主机输入从机输出线；

（3）MOSI（Master Out Slave In），主机输出从机输入线；

（4）SS（Slave Select），从机器件选择信号，低电平有效。

实际使用过程中，许多 SPI 器件将 4 根信号线定义为：时钟线（SCLK）、数据输入线（SDI）、数据输出线（SDO）、片选线（CS）。

SPI 总线接口主要用于主从分布式的通信网，SPI 器件可工作在主模式或从模式下。系统主设备为 SPI 总线通信过程提供同步时钟信号，并决定从设备的片选信号的状态，使能将要通信的 SPI 从器件，未被选中的其他所有器件均处于高阻隔离状态。

典型的 SPI 总线构成的分布式测控系统如图 8-8 所示。

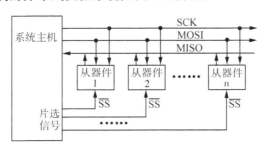

图 8-8　SPI 总线构成的分布式测控系统

在 SPI 总线通信时，通信可由主节点发起，也可由从节点发起。当主节点发起通信时，它可主动对从节点进行数据的读写操作。工作过程叙述如下：首先选中要与之通信的从节点（通常片选端为低有效），而后送出时钟信号，读取数据信息的操作将在时钟的上升沿（或下降沿）进行。每送出 8 个时钟脉冲，从节点产生 1 个中断信号，该中断信号通知主节点 1 个字节已完整接收，可以发送下 1 个字接的数据。

SPI 接口进行数据通信时的时序图如图 8-9 所示（数据读写应在上升沿）。

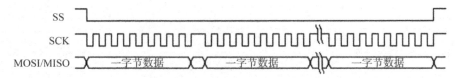

图 8-9　SPI 总线数据通信的逻辑时序图

SPI 模块为了和外设进行数据交换，可以根据外设工作要求，对其输出的串行同步时钟极性和相位进行配置。根据配置方式的不同 SPI 总线有 4 种不同的工作方式，如表 8-1 所示。

表 8-1　SPI 通信接口模式

SPI 通信接口模式	CPOL	CPHA
0	0	0
1	0	1
2	1	0
3	1	1

表 8-1 中，如果 CPOL＝0，串行同步时钟的空闲状态为低电平；如果 CPOL＝1，串行同步时钟的空闲状态为高电平。时钟相位（CPHA）能够配置用于选择两种不同的传输协议之一进行数据传输。如果 CPHA＝0，在串行同步时钟的第一个跳变沿（上升或下降）数据被采样；如果 CPHA＝1，在串行同步时钟的第二个跳变沿（上升或下降）数据被采样。SPI 主机系统和与之通信的外设间时钟相位和极性应该一致。

目前采用 SPI 总线接口的器件很多，如 AK93C85A、AK93C10A、AT25010 存储器，AD5302 数模转换器等。

【例 8-1】　触摸屏芯片 ADS7846/ADS7843 的编程。

ADS7846 芯片适合用在 4 线制触摸屏，操作简单，精度高。它通过标准 SPI 协议和 CPU 通信，与单片机连接电路如图 8-10 所示。当触摸屏被按下时（即有触摸事件发生）则 ADS7846 向 CPU 发中断请求，CPU 接到请求后，应延时一下再响应其请求，目的是为了消除抖动使得采样更准确。与单片机连接，代码如下：

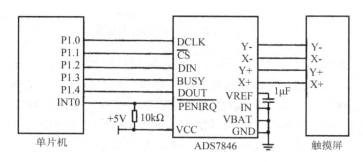

图 8-10　ADS7846 与单片机连接电路

```
# include <REGX51.H>
# include <INTRINS.h>
sbit DCLK=P1^0;
sbit CS=P2^1;
sbit DIN=P2^2;
sbit DOUT=P2^3;
sbit BUSY=P2^4;


delay (unsigned char i)
{
    while (i——);
}


void start () //SPI 开始
{
    DCLK=0;
    CS=1;
    DIN=1;
    DCLK=1;
    CS=0;
}


WriteCh (unsigned char num) //SPI 写数据
{
    unsigned char count=0;
    DCLK=0;
    for (count=0; count<8; count++)
     {
       num<<=1;
       DIN=CY;
       DCLK=0; _nop_ (); _nop_ (); _nop_ (); //上升沿有效
       DCLK=1; _nop_ (); _nop_ (); _nop_ ();
     }
}


ReadCh () //SPI 读数据
{
```

```
    unsigned char count=0;
    unsigned int Num=0;
    for (count=0; count<12; count++)
      {
        Num<<=1;
        DCLK=1; _nop_ (); _nop_ (); _nop_ (); //下降沿有效
        DCLK=0; _nop_ (); _nop_ (); _nop_ ();
        if (DOUT) Num++;
      }
return (Num);
}


void RE_INT () interrupt 0 //外部中断0用来接受键盘发来的数据
{
    unsigned int X=0, Y=0;
    delay (10000); //中断后延时以消除抖动，使得采样数据更准确
    start (); //启动SPI
    delay (2);
    WriteCh (0x90); //送控制字10010000 即用差分方式读X坐标
    delay (2);
    DCLK=1; _nop_ (); _nop_ (); _nop_ (); _nop_ ();
    DCLK=0; _nop_ (); _nop_ (); _nop_ (); _nop_ ();
    X=ReadCh ();
    WriteCh (0xD0); //送控制字11010000 即用差分方式读Y坐标
    DCLK=1; _nop_ (); _nop_ (); _nop_ (); _nop_ ();
    DCLK=0; _nop_ (); _nop_ (); _nop_ (); _nop_ ();
    Y=ReadCh ();
    CS=1;
……// 根据读出的X、Y坐标处理
}


main ()
{
    IE=0x83; //1000 0001, EA=1 中断允许，
    IP=0x01;
    while (1);
}
```

✳ 8.3　Microwire 接口

Microwire 总线是美国国家半导体公司的一项专利，是一种三线同步串行总线。该总线最初是内建在公司的 COP400/CCOP800/PC 系列的单片机中，单片机通过该总线可以实现与外围元件的串行数据通信。

1. Microwire 串行总线协议

Microwire 总线是一种基于三线制串行通信的接口解决方案，三根信号线分别是数据输出线 SO、数据输入线 SI 和时钟线 SK，有的 Microwire 总线器件还需要一根片选线。

SK 是串行移位时钟信号线，数据读写与 SK 上升沿同步，对于自动定时写周期不需要 SK 信号。SI 是串行数据输入信号线，接收来自单片机的命令、地址和数据。SO 是串行数据输出信号线，单片机从 SO 读取信息。

Microwire 总线系统的典型结构如图 8-11 所示。Microwire 总线系统每一时刻只能有一片单片机作为主机，由主机控制时钟线 SK，总线上的其他设备都是从设备。相对主机而言，SK、SI 是信号输出，SO 是信号输入。对于有多个从设备的 Microwire 总线系统，主机还需要控制从设备的片选信号状态，从而使能将要通信的 Microwire 从设备。

Microwire 总线接口的工作时序图如图 8-12 所示。图中 CS 是片选信号。由于系统主机向设备写数据时，系统主机会忽略 SI 信号线上的数据，所以图中没有画出 SI 信号线的波形。

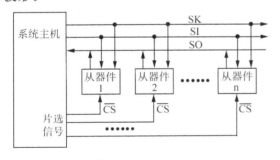

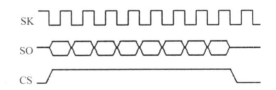

图 8-11　Microwire 总线系统的典型结构　　　　图 8-12　Microwire 主机向设备写数据时序

Microwire 总线通信时，主机通过 SK 时钟线发出时钟脉冲信号，从设备在时钟脉冲信号的同步沿输入/输出数据。主机通过片选信号选通 Microwire 从器件后，发出时钟脉冲信号，主机和被选通的从设备在时钟的下降沿从各自的 SO 线输出一位数据，在时钟的上升沿从各自的 SI 线读入一位数据。在每个时钟周期内，总线上的主从设备都完成了发出一位数据和接收一位数据操作，实现了数据交换。

2. Microwire 接口芯片 93C46 简介

93C46 是 Microchip 公司的串行 E^2PROM，存储容量是 1kbit（64×16），采用 Microwire 总线结构进行读写。93C46 采用先进的 CMOS 技术，是理想的低功耗非易失性存储器器件。其擦除/读写周期寿命可达到 100 万次，片内写入的数据保存 40 年以上，而且在数据写入周期前不需要进行擦除操作。

93C46 采用单电源供电，典型工作电流为 200μA，典型的备用电流是 100μA。

图 8-13 是 93C46 采用 PDIP8 封装的芯片图。其中 CS 是片选输入，高电平有效。CLK 是同步时钟输入端，数据读写与 CLK 上升沿同步。DI 是串行数据输入端，接受来自单片机的命令、地址和数据。DO 是串行数据输出端。

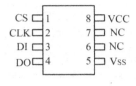

图 8-13　93C46 引脚

单片机读写 93C46 时，CS 引脚出现的上升沿使 93C46 处于选通状态，在同步时钟 CLK 的作用下，指令和数据通过 DI 引脚输入 93C46。93C46 共支持 7 条主机发出的指令，表 8-2 所示的是单片机操作 93C46 的所有指令。

表 8-2　单片机操作 93C46 的指令集

命令	含义	开始位	操作码	地址	读入数据	输出数据
READ	读数据	1	10	A5～A0	—	D15～D0
WRITE	写数据	1	01	A5～A0	D15～D0	RDY/BSY
ERASE	擦除数据	1	11	A5～A0	—	RDY/BSY
EWEN	擦除/写允许	1	00	11XXXX		High－Z
EWDS	擦除/写禁止	1	00	00XXXX		High－Z
ERAL	擦除所有数据	1	00	10XXXX		RDY/BSY
WRAL	写所有数据	1	00	01XXXX	D15～D0	RDY/BSY

在主机发出的指令格式中，指令代码最高位 MSB 是指令代码序列的起始位，该位必须是逻辑"1"。紧跟起始位后的是 8 位数据，包括 2 位指令代码和 6 位即将访问的寄存器单元地址。

实际读写 93C46 的存储内容时，一般只要用到 EWEN（擦除/写允许）、WRITE（写）和 READ（读）等几个指令。下面对这几个指令给出时序和简单说明。

（1）EWEN（擦除/写允许指令）。为保证数据完整性，芯片在上电时先进入的是禁止擦除/写状态。所以在执行其他指令（除了读）之前先要执行 EWEN 指令，该指令下达后芯片将一直处于编程允许状态，除非下禁止操作指令（EWDS）或者关断电源。时序如图 8-14 所示。

（2）READ（读指令）。是从指定的地址读入 16 位数据，时序如图 8-15 所示。首先起始位后，单片机发出 2 位指令代码和 6 位即将读的存储单元地址。在 16 个有效数据位输出之前，一个逻辑"0"的电平空位首先被传送，所有从 DO 引脚串行输出的数据都是在 CLK 的上升沿发生改变。

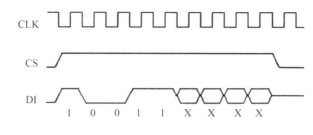

图 8-14   93C46 的 EWEN 指令时序图

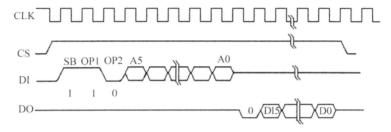

图 8-15   93C46 的 READ 指令时序图

（3）WRITE（写指令）。是向指定的地址写入 16 位数据。时序如图 8-16 所示。首先起始位后，单片机发出 2 位指令代码和 6 位即将写的存储单元地址，紧跟着写入 16 位数据。

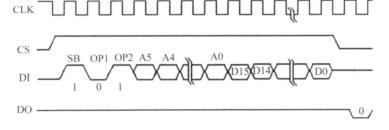

图 8-16   93C46 的写指令时序图

实训 1   单片机读写 EEPROM 芯片 93C66

图 8-17 是 93C66 与单片机的接口电路图。

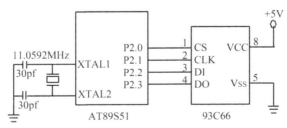

图 8-17   93C46 与单片机的接口电路图

单片机读写 93C66 的程序如下：

```c
#include<REGX51.H>
#define uchar unsigned char
#define High 1//定义高电平
#define Low 0                  //定义高电平
#define READ_D 0x0C            //读指令
#define WRITE_D 0x0A           //写指令
#define ERASE_D 0x0E           //擦除指令
#define EN_D 0x09              //擦/写允许指令
#define EN_RD 0x80


sbit CS=0x90;                  //CS 为 P1.0
sbit SK=0x91;                  //SK 为 P1.1
sbit DI=0x92;                  //DI 为 P1.2
sbit DO=0x93;                  //DO 为 P1.3
/* * * * * * * * * * * *延时函数* * * * * * * * * * * * * */
void delay (uchar n)
{
    uchar i;
    for (i=0; i>n; i++);
}


/* * * * * * * * *时钟函数* * * * * * * * */
void i_clock (void)
{
    SK=Low;
    delay (1);
    SK=High;
    delay (1);
}


/* * * *向 AT93C66 写 1 个字节的数据* * * */
void send (uchar i_data)
{
    uchar i;
    for (i=0; i<8; i++)
    {
```

```
        DI= (bit) (i_data & 0x80);
        i_data<<=1;
        i_clock ();
    }
}


/* * * * 从 AT93C66 接收 1 个字节的数据 * * * */
uchar receive (void)
{
    uchar i_data=0;
    uchar j;
    i_clock ();
    for (j=0; j<8; j++)
     {
       i_data * =2;
       if (DO) i_data++;
       i_clock ();
       delay (2);
     }
    return (i_data);
}
/* 发送读指令和地址, 从 AT93C66 指定的地址中读取数据 */
uchar read (uchar addr)
{
    uchar data_r;
    CS=1;                    //片选
    send (READ_D);           //送读指令
    send (addr); //送地址
    data_r=receive ();       //接收数据
    CS=0;
    return (data_r);
}


/* * * * 擦写允许操作函数 * * * */
void enable (void)
{
    CS=1;
```

```
        send (EN _ D);                    //送使能指令
        send (EN _ RD);
        CS=0;
    }


/* * * 擦除 AT93C66 中指定地址的数据 * * */
void erase (uchar addr)
{
        DO=1;
        CS=1;
        send (ERASE _ D);                 //送擦除指令
        send (addr);
        CS=0;
        delay (4);
        CS=1;
        while (! DO); //等待擦除完毕
        CS=0;
    }
/* 将 1 个字节数据写入 AT93C66 指定的地址中 */
void write (uchar addr)
{
        enable ();                //擦写允许
        erase (addr);                    //写数据前擦除同样地址的数据
        CS=1;
        send (WRITE _ D);                 //送写指令
        send (addr); //送地址
        CS=0;
        delay (4);
        CS=1;
        delay (4);
        while (! DO);                     //等待写完
        CS=0;
    }
```

❋ 8.4　1-Wire 接口

1-Wire 总线（单总线）是 Dallas 公司的一项专利技术，总线的数据传输采用单根信号线。单总线具有节省 I/O 口线资源、结构简单、成本低廉、便于总线扩展和维护等诸多优点，被逐渐广泛应用于民用电器、工业控制领域。目前，单总线器件主要有数字温度传感器（如 DS18B20）、A/D 转换器（如 DS2450）门禁、身份识别器（如 DS1990A）；单总线控制器（如 DSIWM）等。

1. 1-Wire 数据通信协议

单总线适用于单主机系统，即系统有一个主机，其他都是从设备，主机控制一个或多个从机设备。主机可以是微控制器，从机可以是单总线器件，它们之间的数据交换是通过一条信号线完成。当只有一个从机设备时，系统可按单节点系统操作；当有多个从机设备时，系统则按多节点系统操作。图 8-18 是单总线多节点系统的示意图。单总线只有一根数据线，

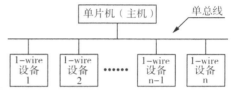

图 8-18　单总线多节点系统

数据交换、控制都由这根线完成，该信号线既传输时钟，又传输数据，而且数据传输是双向的。单总线通常要求外接一个约为 4.7kΩ 的上拉电阻。

所有采用 1-Wire 总线的器件都具有唯一的标识码，既可以作为产品身份标识，又可以作为多节点应用中的地址标识，因单片机系统中无须为 1-Wire 器件人工分配网络的物理地址。

1-Wire 器件工作电源既可在远端引入，电压范围是 3.0～5.5 V，也可采用寄生电源方式产生（即直接从单总线上获得足够的电源电流）。大多数 1-Wire 器件是寄生供电方式。

1-Wire 器件要求采用严格的通信协议，要求按照严格的命令顺序和时序操作，以保证数据的完整性。该协议定义了几种信号：复位脉冲、应答脉冲、写 0、写 1、读 0 和读 1。所有这些信号，除了应答脉冲以外，都由主机发出，并且发送所有的命令和数据都是字节的低位在前。

与 1-Wire 单总线器件的通信是通过操作时隙来完成 1-Wire 单总线上的数据传输的。每个通信周期起始于微控制器发出的复位脉冲，其后紧跟着 1-Wire 单总线器件响应的应答脉冲，复位及应答时序如图 8-19 所示。当从机发出响应主机的应答脉冲时即向主机表明它处于总线上，并且工作准备就绪。在主机初始化过程中，主机通过拉低单总线至少 480μs，以产生复位脉冲，接着主机释放总线，并进入接收模式。当总线被释放后，4.7kΩ 上拉电阻将单总线拉高。在从器件检测到上升沿，延时 15～60μs，接着通过拉低总线 60～240μs 以产生应答脉冲。

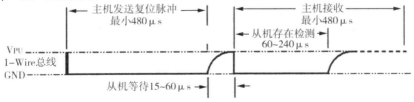

图 8-19　复位及应答时序

数据的通信是用读/写时隙来完成的。时序图如图 8-20 所示。

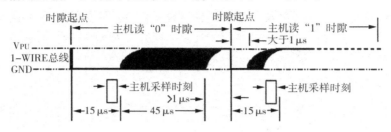

图 8-20　主机读时隙时序图

在写时隙期间，主机向单总线器件写入数据，而在读时隙期间，主机读入来自从机的数据。在每一个时隙，总线只能传输一位数据。主机采用写 1 时隙向从机写入 1，写 0 时隙向从机写入 0。所有写时隙至少需要 60μs，且在两次独立的写时序之间至少需要 1μs 的恢复时间。两种写时序均起始于主机拉低总线。产生写 1 时序的方式是主机在拉低总线后，接着在 15μs 之内释放总线，由 4.7kΩ 上拉电阻将总线拉至高电平。而产生写 0 时序的方式是在主机拉低总线后，只需在整个时隙期间保持低电平至少 60μs 即可。

单总线器件仅在主机发出读命令，才向主机传输数据。所以，在主机发出读数据命令后，必须马上产生读时隙，以便从机能够传输数据。所有读时隙至少需要 60μs，且在独立的读时隙之间至少需要 1μs 的恢复时间。每个读时隙都由主机发出，至少拉低总线 1μs。如图 8-20 所示。在主机发出读时隙之后，单总线器件才开始在总线上发送 0 或 1。因而，主机在读时序期间必须释放总线，并且在时序起始后的 15μs 之内采样总线状态。

单总线命令序列如下：

第一步：初始化

第二步：ROM 命令（跟随需要交换的数据）

第三步：功能命令（跟随需要交换的数据）

（1）初始化。单总线上的所有传输过程都是以初始化开始的，初始化过程由主机发出的复位脉冲和从机响应的应答脉冲组成，应答脉冲使主机知道总线上有从机设备，并且准备就绪。

（2）单总线命令。表 8-3 是单总线命令集。

表 8-3　单总线命令集

命令	内容	功能描述
搜索 ROM	F0H	主机通过重复执行搜索 ROM 循环，可以找出总线上所有的从机设备，从机设备返回其 ROM 代码
读 ROM	33H	使主机读出从机的 ROM 代码
匹配 ROM	55H	发出该命令后，主机接着发送某个指定的从机设备的 64 位 ROM 代码。仅 64 位 ROM 代码完全匹配的从机设备才会响应主机随后发出的功能命令
跳越 ROM	CCH	使用该命令主机能够同时访问总线上的所有从机设备
开始转换	44H	DS18B20 收到该命令后立该开始温度转换
读出转换值	BEH	该命令可以从 DS18B20 读出温度值

2.1-Wire 接口芯片 DS18B20 简介

DS18B20 是 DALLAS 公司生产的 1-Wire 总线接口的数字温度传感器，具有结构简单、操作灵活、无须外接电路的优点。有小体积的 TO-92 封装形式，管脚排列如图 8-21 所示，其中 DQ 为数字信号输入/输出端，GND 为电源地，Vdd 为外接供电电源输入端（在寄生电源接线方式时该引脚接地）。

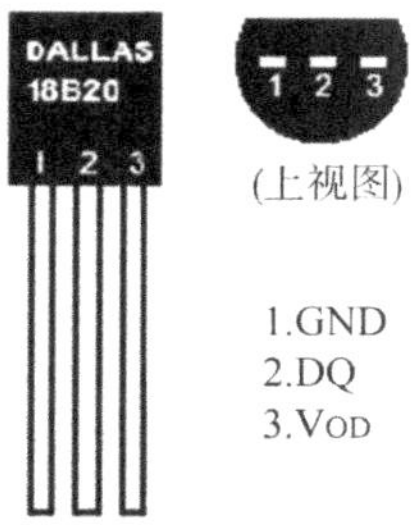

DS18B20 还有以下特点：

（1）温度测量范围为 -55～+ 125℃，分辨率可达 0.0625℃，误差为 0.5℃。

（2）DS18B20 的温度转换时间与设定的分辨率有关，当设为 12 位时最大转换时间是 750ms。

（3）被测温度用 16 位符号扩展的二进制补码读数形式串行输出，如表 8-4 所示，以 0.0625℃/LSB 形式表达，其中 S 为符号位，S = 1 表示负温度。

图 8-21　DS18B20 引脚

表 8-4　DS18b20 温度数据的格式

S	S	S	S	S	2^6	2^5	2^4	2^3	2^2	2^1	2^0	2^{-1}	2^{-2}	2^{-3}	2^{-4}
15	14	13	12	11	10	9	8	7	6	5	4	3	2	1	0

例 +125℃ 的数字输出为 07D0H，+25.0625℃ 的数字输出为 0191H，-25.0625℃ 的数字输出为 FF6FH，-55℃ 的数字输出为 FC90H。

实训 2　DS18B20 的编程

DS18B20 与单片机的接口电路如图 8-22 所示。单片机使用 12MHz 晶振，使用单片机的 P2.2 引脚作为数据线，数据线有 4.7kΩ 的上拉电阻。DS18B20 采用独立电源方式供电。

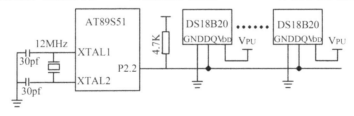

图 8-22　DS18B20 与单片机的接口电路

单片机读 16 位温度数据过程分两次读，先读低 8 位温度数据，再读高 8 位温度数据。下面是单片机读取 DS18B20 程序（略掉读出的 16 位温度补码转换计算）。

```
# include＜REGX51.H＞
# include＜INTRINS.h＞
sbit DS18B20 _ DQ = P2^2;
//延时函数
```

```
void delay _ us (unsigned int us)
{
for (; us>0; us——);
}


//初始化
unsigned charreset _ pulse (void)
{
    unsigned char flag=0;
    DS18B20 _ DQ=1；
     _ nop _ ();
    DS18B20 _ DQ=0；//拉低约 600μs
    delay _ us (40);
    DS18B20 _ DQ=1；
    delay _ us (12);
    while (DS18B20 _ DQ)；//检测 DS18B20 应答
    return 0；
}


/ * 从 DS18B20 读一个字节 * /
unsigned char read _ byte (void)
{
    unsigned char i, tmp；
    tmp=0；
    for (i=0; i<8; i++)
     {
      tmp>>=1；
      DS18B20 _ DQ=1；
       _ nop _ (); _ nop _ ();
      DS18B20 _ DQ=0；//产生一个下降沿，开始一个读 time slot（时隙）
      delay _ us (7); //延时至少 1μs
      DS18B20 _ DQ=1；//释放总线
      delay _ us (20); //延时至少 15μs
      if (DS18B20 _ DQ) tmp | =0x80；
      delay _ us (60);
     }
return tmp；
```

```
}
/ * 向 DS18B20 写 1 字节命令 * /
void write _ command (unsigned char cmd)
{
    unsigned char i;
    for (i=0; i<8; i++)
      {
        DS18B20 _ DQ=1;
        if (cmd & 0x01) //write 1 time slot
      {
        DS18B20 _ DQ=0; //产生下降沿，开始一个 write 1 time slot
        DS18B20 _ DQ=1; //释放总线
        delay _ μs (5); //delay at least 60us
      }
        else
{
    DS18B20 _ DQ=0; //产生下降沿，开始一个 write 0 time slot
    delay _ μs (5); //保持最少 60μs
    DS18B20 _ DQ=1;
      }
        cmd>>=1;
      }
}
/ * 读取 DS18B20 温度值 * /
unsigned int get _ temperature _ data ()
{
    unsigned char temp0, temp1;
    reset _ pulse (); //启动一次温度测量
    write _ command (0xCC); //忽略 ROM 匹配操作
    write _ command (0x44); //开始温度转换命令
    //……//延时至少 800ms，等待转换结束
    reset _ pulse ();
    write _ command (0xCC); //忽略 ROM 匹配操作
    write _ command (0xBE); //读取温度寄存器命令

    temp0 = read _ byte (); //读温度低字节
    temp1 = read _ byte (); //读温度高字节
```

```
reset _ pulse ();  //终止继续传输后续字节
return (temp0<<8+temp1);
}


main ()
{
get _ temperature _ data ();
}
```

❈ 8.5　USB 接口

USB 是通用串行总线的简称，具有安装
方便、带宽高、易于扩展、支持热插拔等优
点。采用 USB 接口的设备产品在逐渐增加，
现在 USB 接口开始应用于工业级的实时通
信和控制中。USB 总线内置电源线，可以向
外设提供电压为 5V、电流最高为 500mA 的
电源。图 8-23 所示为 USB 总线的传输线。

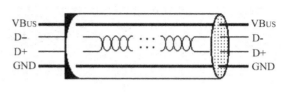

图 8-23　USB 总线的传输线

1.USB-to-RS232 转换芯片 CP2102 和 PL2303

CP2102 是 Silabs 公司推出的一款高集成度的专用通信芯片，该芯片能够实现 USB 和
UART 两种数据格式之间的转换，可用于 USB 转 RS232/RS485/RS422 串行适配器、数
码相机与 PC 的 USB 通信、手机与 PC 的 USB 通信、PDA 与 PC 的 USB 通信、USB 条形
码阅读器接口等。

CP2102 的引脚描述如图 8-24 所示。其中 D+、
D- 是 USB 接口引脚，RI、DCD、CTS、RTS、
RXD、TXD、DSR、DTR 是 RS-232 接口引脚。该
芯片集成了一个符合 USB2.0 标准的全速功能控制
器、EEPROM、缓冲器和带有调制解调器接口信
号的异步串行数据总线（RS-232 协议），同时具有
一个集成的内部时钟和 USB 收发器，无需其他外
部 USB 电路元件。高性能的 CP2102 与其他型号的
同类芯片相比功耗更低、体积更小、集成度更高
（无须外接元件）。

CP2102 有如下特点。

（1）具有较小封装。CP2102 为 28 脚 5mm×
5mm MLP 封装。

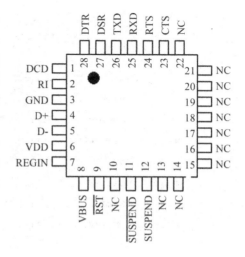

图 8-24　CP2102 的引脚描述图

（2）高集成度。CP2102 则内置了 EEPROM、稳压器、USB 收发器和集成式内部振荡器，因而可以简化系统设计。此器件还包含完整的 USB 2.0 全速（full-speed）装置控制器、桥接控制逻辑以及包括传送/接收缓冲器和调制解调器握手信号（handshake signal）在内的 UART 接口，这些功能都集成在一个 5cm×5cm 的小型封装中。片内集成512 字节 EEPROM（用于存储厂家 ID 等数据），片内集成收发器，无须外部电阻；片内集成时钟，无需外部晶体。电路简单，最多只需要 3 个电容和 2 个电阻，不需要外接晶振。

（3）低成本，可实现 USB 转串口的解决方案。CP2102 的 USB 功能无需外部元件，而大多数竞争者的 USB 器件则需要额外的终端晶体管、上拉电阻、晶振和 EEPROM。具有竞争力的器件价格、简化的外围电路、无成本驱动支持使得 CP2102 在成本上的优势远超过竞争者的解决方案。

（4）具有低功耗、高速度的特性，符合 USB2.0 规范，适合于所有的 UART 接口（波特率为 300bps～921.6kbps）。

Silabs 公司为 CP2102 提供了基于 PC 和 Mac 操作系统平台的免费器件驱动程序。开发时，CP2102 的 RS232 输入和输出信号均为 TTL 电平，可以直接使用到单片机系统。它的使用与普通的 USB 外设相同，当第一次带电插入 PC 机 USB 接口时，系统会提示安装相应的驱动程序，驱动程序可从公司网站上下载。驱动程序安装完后，系统会自动增加一个 COM 口，用户就可以按照传统的串行口控制方式来使用这个虚拟的"COMD"。

PL2303（图 8-25）是 Prolific 公司生产的 USB 与 RS-232 转换桥控制器，USB 端完全兼容 USB 1.1 标准，RS-232 端可以通过设置实现 75～1228800bps 的传输速率。PL2303 上传和下传都有 256 字节的缓冲区。内置的 ROM 存储了设备的传输参数，也可以使用外置 EEPROM 自定义传输参数，支持 Windows 98/SE、ME、2000，XP，Windows CE3.0，CE.NET，Linux 和 Mac OS 等操作系统。PL2303 采用 28 Pins 的 SOIC 封装形式。PL2303的 USB 接口使用 bulk 传输方式，串口支持握手协议。

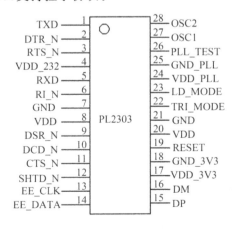

图 8-25 PL2303 的引脚描述

2. 单片机系统的 USB 接口设计实例

CP2102 与单片机、计算机的连接电路如图 8-26、图 8-27 所示。

图 8-26　CP2102 芯片的 USB 转串口模块

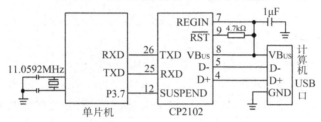

图 8-27　CP2102 与单片机、计算机的连接电路

（1）把 CP2102 与计算机连接时，系统会提示发现新硬件，并要求安装驱动程序。使用厂商免费提供驱动程序，将计算机的 USB 口虚拟成一个 COM 口（一般是 COM3）。

（2）单片机端、计算机端使用普通操作串口的程序访问虚拟 COM 口。

图 8-26 是 CP2102 芯片的 USB 转串口模块，一端直接连接到计算机的 USB 口，并由计算机的 USB 口供电，另一端和单片机相连。

3. CP2102、PL2303 在 Window 环境下的编程

在 Window 环境下，上面两个器件安装了相应的驱动程序后会在 Window 中找到对应的虚拟 COM 口，在 Window 的开发程序（如 VB、C＋＋）中对该虚拟 COM 口进行编程即可，编程语句与实际的 COM 口相同。

　【习　题】

1. DS18B20 属于什么总线？

2. 简述 DS18B20 输出数据的格式。

3. I^2C 总线的特点是什么？

4. I^2C 总线的起始信号和停止信号是如何定义的？

5. I^2C 总线的数据传送方向如何控制？

6. 具备 I^2C 总线接口的 E^2PROM 芯片有哪几种型号？容量如何？

7. AT24C 系列芯片的读写格式如何？

8. SPI 接口线有哪几个？作用如何？

9. 简述 SPI 数据传输的基本过程。

第 9 章 单片机应用系统设计

⊟▷【本章要点】────○

• 了解常见的单片机外围器件
• 熟悉单片机的工程开发过程

在实际的单片机工程开发中，需要进行下面的工作。

（1）分析工程需求，确定单片机需要哪些外围器件。单片机系统包括单片机与外围器件，外围器件的选择要依据实际工程需要来决定，例如温度传感器常选用 DS18B20，显示模块常使用 128×64 汉字液晶，网络传输常使用 485 总线等。

（2）外围器件要尽量选择通用器件，这样做的好处是可以很容易地从互联网上找到器件的资料以及别人已经调试好的参考程序。这样可以减少开发的周期，器件有问题时容易更换维护。

（3）根据工程要求，设计控制方案。方案包括是否用定时器、串口通信，并根据外围器件的要求分配单片机的引脚。

（4）根据单片机最小系统以及外围器件的要求设计电路板，并将元器件焊接到电路板上。

（5）逐个调试外围元器件程序，并将其编辑成函数形式，如液晶显示函数、按键读取函数、温度读取函数、电动机旋转控制函数。

小经验——修改别人的程序，应用到我们的工程中

对外围元器件进行编程控制，这是许多初学者比较害怕做的工作。

实际上我们调试外围元器件没有像教材上讲的那么复杂。我们可以很容易地从互联网上找到别人已经调试好的参考程序（没有示例程序的元器件换一种同样功能的元器件），我们的任务是看懂该程序的功能并稍加修改，修改的内容主要是引脚的分配（例如 P2.4 改为 P1.3）。

（6）编辑主函数、中断函数。按照控制的要求，主函数、中断函数调用其他函数操作外围器件，这就是工程的核心所在，也是困惑初学者的难点之一。

✵ 9.1 单片机系统与传感器

传感器是自动检测和自动控制不可缺少的部分。传感器能够感受规定的被测量，并按照一定规律转换成可用输出信号，传感器把被测量转换成与之有确定对应关系的、便于应用的某种物理量的器件或装置。传感器有一定的精确度，其类型繁多，按照用途可分为光、位移、压力、振动、温度、湿度、烟雾、气敏、超声波、磁场传感器等。

　　传感器信号按输出方式，可分为模拟信号和数字信号，单片机能够直接接收数字信号。现在传感器的总线技术逐步实现标准化、规范化，即输出信号是数字信号，可以与单片机直接连接并能够被单片机直接读写操作。目前所采用的总线主要有第 8 章讲到的几种。表 9-1 是常见的传感器举例。

表 9-1　常见的传感器

传感器	功能	生产公司	总线接口
DS18B20	温度传感器	美国 DALLAS	1-Wire
MAX6626	温度传感器	美国 MAXIM	I^2C
LM74	温度传感器	美国国家半导体	SPI
MAX6691	配热电偶的四通道智能温度传感器	美国 MAXIM	单线 PWM 输出
MAX6674	有冷端温度补偿的 K 型热电偶转换器	美国 MAXIM	SPI
SHT11	单片智能化湿度/温度传感器	瑞士 Sensirion	2 线数字
MAX1458	数字式压力信号调理器	美国 MAXIM	SPI
SB5227	超声波测距	重庆中易电测技术研究所	RS-485
FCD4B14	单片指纹传感器	美国 ATMEL	EPP、USB、数字
MC1446B	离子型烟雾检测	MOTOROLA	数字

　　如果传感器不是数字信号输出，为了满足系统功能要求，需要配置各种接口电路。例如，为构成数据采集系统，必须配置传感器接口电路，依测量对象不同有小信号放大、A/D 转换、脉冲整形放大、V/F 转换、信号滤波等。

　　现在许多单片机已经集成有多路的 A/D 转换功能，使控制开发更加方便，需要时可以购买该类型单片机。如中晶科技有限公司的 STC12C5A60AD 单片机，完全兼容 51 系列单片机，有 8 路 10 位 ADC。

小经验

1. 传感器输出信号可分为模拟信号和数字信号。
2. 传感器输出是模拟信号的需要加 A/D 转换芯片。
3. 尽量选有数字接口的芯片，这样电路简单、易于编程。
4. 尽量选通用的芯片，以便网上有可以参考的程序。

❋ 9.2　光电隔离技术

　　在驱动大电流电器或有较强干扰的设备时，常使用光电隔离技术，以切断单片机与受控对象之间的电气联系。目前常用的光电耦合器有晶体管输出型和晶闸管输出型。

1. 晶体管输出型光电耦合器

晶体管输出型光电耦合器如图 9-1 所示，由发光二极管和光电晶体管组成。当电流流过发光二极管时，二极管发光，引起光电晶体管有电流流过，该电流主要由光照决定，即由发光二极管控制。目前，常用的晶体管输出光电耦合器有 4N25、4N33 等，其中 4N33 是一种达林顿管输出型光电耦合器。

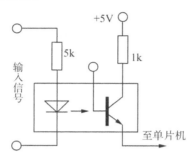

图 9-1　晶体管输出光电耦合器

光电耦合器的输出电流随发光二极管电流的增大而增大，其电流传输比不是常数，受发光二极管的电流影响。当发光二极管电流为 10～20mA 时，电流传输比最大；当发光二极管电流小于 10mA 或大于 20mA 时，电流传输比下降。

2. 晶闸管输出型光电耦合器

晶闸管输出型光电耦合器由发光二极管和光敏晶闸管构成。光敏晶闸管有单向和双向之分，在构成光电耦合器的输入端有一定的电流流入时，晶闸管导通。

晶闸管输出型光电耦合器的内部结构以及构成输出电路的连接如图 9-2 所示。4N40 是常用的单向输出型光电耦合器。当输入端有 15～30mA 电流时，输出晶闸管通导输出端额定电压为 400V，额定电流为 300mA，输入输出隔离电压为 1500～7500V。4N40 的引脚 6 是输出晶闸管的控制端，不用时可通过电阻接阴极。MOC3043 是常用的双向晶闸管自出的光电耦合器，输入控制电流为 15mA，输出端额定电压为 400V。MOC3043 带有过零触发电路，最大重复浪涌电流为 1A，输入输出隔离电压为 7500V。

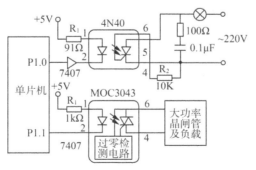

图 9-2　晶闸管输出光电耦合电路

❄ 9.3 单片机驱动低压电器

实际工程中，单片机可以通过简单的器件驱动灯泡，也可以通过简单的器件驱动几十千瓦的电动机。下面介绍工程中常用的驱动低压电器的元器件。

小经验——单片机驱动低压电器的电路是固定的
工程中常用的驱动低压电器的元器件有继电器、固态继电器、交流接触器等。这些元器件与单片机的连接电路是固定的，我们只需要按照该电路设计连接即可。

1. 固态继电器

固态继电器（Solid State Releys，SSR）是一种无触点通断电子开关，为四端有源器件，其中两个端子为输入控制端，另外两端为输出受控端，器件中采用了高耐压的专业光电耦合器。当施加输入信号后，其主回路呈导通状态，无信号时呈阻断状态。整个器件无可动部件及触点，可实现相当于常用电磁继电器一样的功能。图 9-3 所示是固态继电器的原理图，图 9-4 所示是固态继电器的实物图。

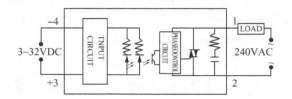
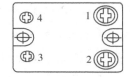

图 9-3　固态继电器的原理图　　　　图 9-4　固态继电器的实物图

由于固态继电器是由固体元件组成的无触点开关元件，所以它较之电磁继电器具有工作可靠、寿命长、逻辑电路兼容、抗干扰能力强、开关速度快和使用方便等一系列优点，因而具有很宽的应用领域，可逐步取代传统电磁继电器，并可进一步扩展到传统电磁继电器无法应用的领域。图 9-5 所示是使用单片机和固态继电器驱动交流 220V 电器的电路，固态继电器的 3、4 端为控制信号输入端，需要输入 3～36V 的直流电，该控制信号由单片机的引脚提供。固态继电器的 1、2 端为控制信号输出端，可以导通 36～380V 的交流电，电流可以是几十安培。

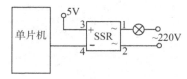

图 9-5　使用单片机和 SSR 驱动交流 220V 电器

2. 交流接触器

接触器是一种自动化的控制电器。接触器主要用于频繁接通或分断的交、直流电路，控制容量大，可远距离操作，广泛应用于自动控制电路，其主要控制对象是电动机，也可用于控制其他电力负载，如电热器、照明、电焊机、电容器组等。接触器按被控电流的种类可分为交流接触器和直流接触器。

图 9-6 所示是交流接触器原理图，主要由电磁系统、触点系统、灭弧系统及其他部分组成。

（1）电磁系统：包括电磁线圈和铁芯，是接触器的重要组成部分，依靠它带动触点的闭合与断开。

（2）触点系统：触点是接触器的执行部分，包括主触点和辅助触点。主触点的作用是接通和分断主回路，控制较大的电流；而辅助触点是在控制回路中，以满足各种控制方式的要求。

（3）灭弧系统：灭弧装置用来保证触点断开电路时，产生的电弧可靠地熄灭，减少电弧对触点的损伤。为了迅速熄灭断开时的电弧，通常接触器都装有灭弧装置，一般采用半封式纵缝陶土灭弧罩，并配有强磁吹弧回路。

当接触器电磁线圈不通电时，弹簧的反作用力和衔铁芯的自重使主触点保持断开位置。当电磁线圈通过控制回路接通控制电压（一般为额定电压，有 36V、110V、220V、380V 等）时，电磁力大于弹簧的反作用力而将衔铁吸向静铁芯，带动主触点闭合，接通电路，辅助接点随之动作。图 9-7 所示是使用单片机和交流接触器驱动三相电动机的电路，KM 是交流接触器的电磁线圈（以交流 380V 线圈为例），单片机控制固态继电器的通断状态，进而控制接触器的电磁线圈是否吸和。因为固态继电器有光电隔离功能，所以 380V 的交流电对单片机的控制不会有干扰。

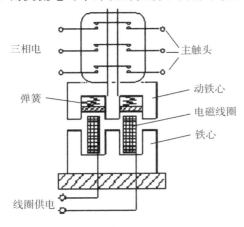

图 9-6 交流接触器原理图

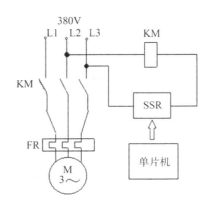

图 9-7 使用单片机和交流接触器驱动电动机

❄ 9.4 单片机的看门狗电路

1. 单片机看门狗电路的功能

看门狗的作用就是防止程序发生死循环或防止单片机死机。由于单片机的工作常常会受到来自外界电磁场的干扰，程序有时会陷入死循环，并造成整个系统陷入停滞状态。出于对单片机安全运行进行实时监测的考虑，便产生了一种专门用于监测单片机程序运行状态的芯片，俗称"看门狗"（WDT）。

单片机的 WDT 其实是一个定时器，看门狗工作时启动了看门狗的定时器，看门狗就开始自动计数。在单片机正常工作的时候，需要每隔一端时间给定时器清零（即喂狗信号）。如果超过了定时器规定的时间还没有输入喂狗信号，看门狗的定时器会溢出，就会输出一个复位信号到单片机，并使单片机复位。

2.STC 系列单片机的内置看门狗功能

STC 系列单片机内部自带看门狗，通过对相应的特殊功能寄存器的设置就可以实现看门狗的应用。STC89 系列单片机内部有一个专门的看门狗定时器寄存器 WDT_CONTR 寄存器，介绍如下：

（1）WDT_CONTR 是 STC 系列单片机的特殊功能寄存器，字节地址为 E1H，不能位寻址。

（2）该寄存器用来管理 STC 单片机的看门狗控制部分，包括看门狗启动和停止、设置看门狗的溢出时间等。

（3）单片机清零时，该寄存器不一定全部被清零。

（4）WDT_CONTR 寄存器每位功能如下：

D7	D6	D5	D4	D3	D2	D1	D0
—	—	EN_WDT	CLR_WDT	IDLE_WDT	PS2	PS1	PS0

EN_WDT：看门狗允许控制位，当设置为 1 时，启动看门狗。

CLR_WDT：看门狗清零位，当设置为 1，看门狗定时器重新计数。硬件自动将此位清零。

IDLE_WDT：看门狗 IDLE 模式，当设置 IDLE_WDT＝1 时，看门狗定时器在单片机的"空闲模式"下计时。反之在空闲模式下不计时。

PS2、PS1、PS0：看门狗定时预分频值。

（5）看门狗溢出时间＝（N×预先分频数×32768）/晶振频率

N 表示单片机的时钟模式，一种是单倍速，也就是 12 时钟模式；另外一种是双倍速，又称 6 时钟模式，在该模式下 STC 单片机比其他公司的 51 单片机速度快一倍。

3.STC89C51 单片机看门狗的编程

```
#include<reg51.h>
sfr WDT_CONTR=0xe1; //定义看门狗寄存器
void main ()
```

```
{
    WDT _ CONTR=0x35；//喂狗
    while (1)
    {
        WDT _ CONTR=0x35；//喂狗
        ……//其他程序
    }
}
```

❋ 9.5　单片机的低功耗工作方式

单片机有两种低功耗方式，即待机（或称空闲）方式和掉电（或称停机）保护方式。在低功耗方式，备用电源由 VCC 或 RST 端输入。待机方式可使功耗减小，电流一般为1.7～5mA；掉电方式可使功耗减到最小，电流一般为 5～50μA。待机方式和掉电保护方式所涉及的硬件如图 9-8 所示。

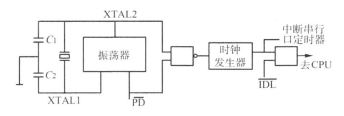

图 9-8　待机和掉电硬件

1. 电源控制寄存器 PCON（87H）

单片机中，待机方式和掉电方式都是由电源控制寄存器（PCON）的有关位来控制的。PCON 是一个逐位定义的 8 位专用寄存器，其格式如下：

PCON	D7	D6	D5	D4	D3	D2	D1	D0
	SMOD	—	—	—	GF1	GF0	PD	IDL

（1）SMOD：波特率倍增位，在串行通信时使用。

（2）D6～D4：保留位。

（3）GF1：通用标志位 1，由软件置位和复位。

（4）GF0：通用标志位 0，由软件置位和复位。

（5）PD：掉电方式位，当 PD＝1，则进入掉电方式。

（6）IDL：待机方式位，当 IDL＝1，则进入待机方式。

要想使单片机进入待机或掉电方式，只要执行一条能使 IDL 或 PD 位为 1 的指令即可。如果 PD 和 IDL 同时为 1，则进入掉电方式。复位时，PCON 中有定义的位均为 0。

PCON 为不可位寻址的 SFR。

2. 待机方式

(1) 待机方式的进入：如果向 PCON 中写入"PCON＝0x01;"，即将 IDL 位置 1，单片机进入待机方式。这时振荡器仍然运行，并向中断逻辑、串行口和定时器/计数器电路提供时钟，但向 CPU 提供时钟的电路被阻断，因此 CPU 停止工作，而中断功能继续存在。CPU 内部的全部状态（包括 SP、PC、PSW、Acc 以及全部通用寄存器）在待机期间都被保留在原状态。

通常 CPU 耗电量占芯片耗电量的 80%～90%，CPU 停止工作会大大降低功耗。在待机方式下（VCC 仍为＋5V），80C51 消耗的电流可由正常的 24mA 降为 3mA 以下。

(2) 待机方式的退出：终止待机方式有两种途径，方法一是采用中断退出待机方式。在待机方式下，若引入一个外中断请求信号，在 CPU 响应中断的同时，IDL 位被硬件自动清"0"，结束待机状态，CPU 进入中断服务程序。当执行到 RETI 中断返回指令时，结束中断，返回到主程序，进入正常工作方式。

在中断服务程序中只需安排一条 RETI 指令，就可以使单片机结束待机恢复正常工作，且返回断点继续执行主程序。也就是说，在主程序中，下一条要执行的指令将是原先使 IDL 置位指令后面的那条指令。

终止待机方式的方法二是靠硬件复位，需要在 RST/VPD 引脚上加入正脉冲。因为时钟振荡器仍在工作，硬件复位需要保持 RST 引脚上的高电平在 2 个机器周期以上就能完成复位操作，退出待机方式进入正常工作方式。

3. 掉电保护方式

(1) 掉电保护方式的进入：如果向 PCON 中写入"PCON＝0x02;"，即 PD 位置"1"，就可控制单片机进入掉电保护方式。该方式下，片内振荡器停止工作，此时使单片机一切工作都停止，只有片内 RAM 及专用寄存器中的内容被保存。端口的输出值由各自的端口锁存器保存。此时 ALE 和 $\overline{PSEN}$ 引脚输出为低电平。

(2) 掉电保护方式的退出：退出掉电保护的唯一方法是硬件复位，即当 VCC 恢复正常后，硬件复位信号起作用，并维持一段时间，即可使单片机退出掉电保护方式。复位操作将重新确定所有专用寄存器的内容，但不改变片内 RAM 的内容。

在掉电方式下，电源电压 VCC 可以降至 2V，耗电低于 50μA，以最小的功耗保存片内 RAM 的信息。

必须注意的是，在进入掉电方式之前，VCC 不能降低；同样在中止掉电方式前，应使 VCC 恢复到正常电压值。复位不但能终止掉电方式，也能使振荡器重新工作。在 VCC 未恢复到正常值之前不应该复位；复位信号在 VCC 恢复后应保持一段时间，以便使振荡器重新启动，并达到稳态，通常小于 10ms 的时间。

�֍ 9.6　使用"积木"原理开发单片机应用系统

1. 单片机"积木"式开发原理简介

单片机系统具有如下特点：

（1）单片机是一块集成块芯片，通过 I/O 口与外部器件进行联系。

（2）单片机应用系统，是根据工程要求加上外围电路，如液晶、数码管、温度传感器、按键、电机驱动等。

（3）单片机操作外围器件程序是按照器件的时序图编制的，因此该程序有很高的可移植性，即我们可以参考教材、互联网等资源获得例程，移植到我们的系统中，程序只需要修改引脚定义。

（4）每个器件的功能是单一的，如液晶只能显示、温度传感器只能读取温度等，器件与器件之间的程序比较独立。

根据上面的特点，可以将系统根据器件分成许多单元，每个单元是一个"积木块"，每个"积木块"的输入输出功能使用函数单独编制。主函数实现系统控制的功能，主函数按照控制要求，读"积木块"取数据、处理数据、输出数据到"积木块"，如图 9-9 所示。

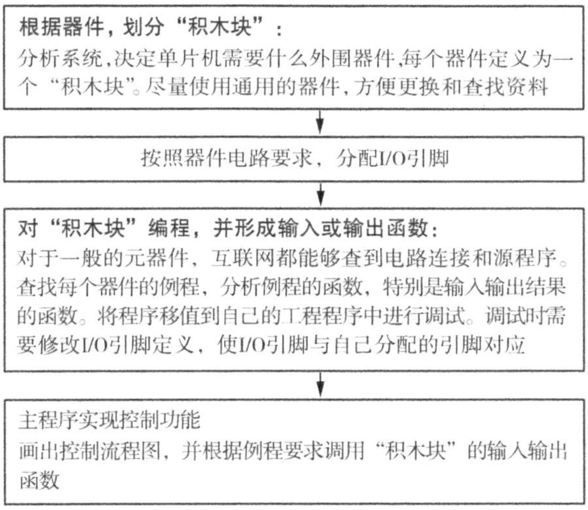

图 9-9　使用"积木"原理开发单片机应用系统

2. "积木"原理开发单片机应用系统实例

单片机应用实例很多，设计方案及步骤灵活多样，这里以冲洗相片底片的单片机控制系统为例来详细介绍设计过程。

（1）功能要求。根据冲洗相片底片的要求，系统需要实现如下功能。

需要对冲洗液的温度进行控制。即用户设定温度值后，显示设定的温度和当前的温度。根据当前温度与设定温度之间的差值，控制启动加热设备或加冷水，进而对洗液槽的温度进行控制。

需要不断地搅拌冲洗液。控制电动机进行搅拌保证洗液槽的温度均匀，电动机能够正转和反转。

（2）"积木块"设计。根据控制要求，总结冲洗底片控制系统，系统框图如图9-10所示，系统分成了6个"积木块"。器件的选型及其功能描述如表9-2所示。

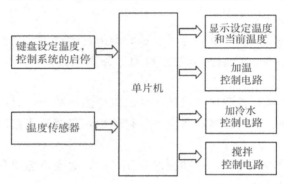

图 9-10　冲洗底片控制系统的系统框图

表 9-2　器件的选型及其功能

器件	功能	使用控制引脚
89CS51	控制核心芯片	
DS18B20	温度传感器	P3.7
3 个按键	设定温度、启停	P3.4、P3.5、P3.6
液晶	显示设定温度和当前温度	P1.0、P3.0、P3.1、P3.2
固态继电器	控制 220V 加热丝通断	P2.0
固态继电器	控制 220V 冷水电动机运转	P2.1
LG9012	驱动 12V 搅拌电动机运转	P2.2、P2.3

各部分模块的功能如下：

①温度采集单元。温度采集电路使用温度传感器 DS18B20。

②按键单元。系统使用 3 个按键。P3.4 使设定温度加 0.1℃，P3.5 使设定温度减 0.1℃，P3.6 控制系统启停。

③显示电路。因为水槽的温度在 100℃以下，选择 1602LCD 液晶，第一行显示设定的温度，第二行显示当前的温度。

④搅拌电路。使用 12V 的小型直流电动机对液体进行搅拌。通常选用的电动机驱动电路是由晶体管控制继电器来改变电动机的转向和进退，这种方法目前仍然适用于大功率电动机的驱动，但是对于中小功率的电动机则极不经济，因为每个继电器要消耗20～100mA的电力。本系统使用电动机专用控制芯片 LG9110。

LG910 是为控制和驱动电动机设计的两通道推挽式功率放大专用集成电路器件，将分立电路集成在单片 IC 之中，使外围器件成本降低，整机可靠性提高。该芯片有两个

TTL/CMOS 兼容电平的输入，具有良好的抗干扰性；两个输出端能直接驱动电动机的正反向运动，它具有较大的电流驱动能力，每通道能通过 750～800mA 的持续电流，峰值电流能力可达 1.5～2.0A；同时它具有较低的输出饱和压降；内置的钳位二极管能释放感性负载的反向冲击电流，使它在驱动继电器、直流电动机、步进电动机或开关功率管的使用上安全可靠。LG9110 广泛应用于玩具汽车电动机驱动、步进电动机驱动和开关功率管等电路上。

管脚定义：1 是 A 路输出管脚，2 和 3 是电源引脚，4 是 B 路输出管脚，5 和 8 是地线，6 是 A 路输入管脚，7 是 B 路输入管脚。

⑤加热电路。使用电压为 220V、功率为 300W 的加热棒实现。使用单片机驱动固态继电器，进而控制加热棒。

⑥制冷电路。使用微型冰箱实现。冰箱启动后制冷，冷水储存在冷胆中。单片机驱动 220V 的小电动机，可以将冷胆中的冷水置换到冲洗箱中。

（3）对"积木块"进行引脚分配，并画出电路图。依据系统框图及实际需要选择器件，具体硬件电路如图 9-11 所示。

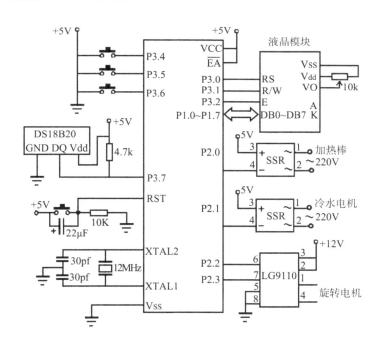

图 9-11　控制电路设计

（4）程序设计。程序包括两部分，定时器中断程序和主程序。

使用定时器 T0 中断产生 20ms 的时间，对该 20ms 计数可以产生 1s、2s、8s 等时间，进而实现温度检测、控制搅拌、加热等。

主程序设计思想如图 9-12 所示。

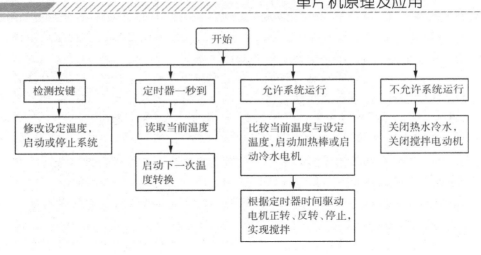

图 9-12　主程序设计思想

（5）程序清单（省略部分参考前面程序）。

```
#include <REGX51.H>
#define uncharunsigned char
#define unintunsigned int
#define Port _ Data P1//液晶数据接口定义
sbit RS= P3^0；//液晶时钟接口定义
sbit RW = P3^1；//液晶读写控制线定义
sbit E= P3^2；//液晶操作允许接口定义
sbit DQ _ 18b20=P1^7；//DS18B20 数据接口定义


unint Tem _ set；
unchar a；
unint b；
bit RUN=0；
//ms 延迟时间函数
void delayms （unchar ms）
{
…….
}
/ * ————下面是液晶显示函数，参考液晶章节———————— * /
//读出忙状态
void Read _ Busy （void）
{
…….
}
```

```
//写入数据函数
void Write _ Data（unchar Data）
{
…….
}


//写入指令函数
void Write _ Command（unchar Command，bit Busy _ Bit）
//Busy _ Bit 为 0 时忽略忙检测
{
…….
}


//LCD 初始化
void LCD _ Init（void）
{
…….
}


//在指定位置显示一个字符
void Printc（unchar x，unchar y，unchar Data）
{
…….
}


//在指定位置显示字符串
void Prints（unchar x，unchar y，unchar ＊Data）
{
…….
}


/＊————————下面是 DS18B20 函数，参考 DS18B20 章节———————— ＊/
//18b20 延时
void delay _ 18b20（unsigned int i）
{
while（i——）；
```

```
}

//DS18B20 初始化函数
bit Init _ DS18B20 (void)
{
…….

}

//从 DS18B20 读出 1 个字节
unsigned char ReadOneChar (void)
{
…….
}

//向 DS18B20 写入 1 个字节
void WriteOneChar (unsigned char dat)
{
…….
}

//启动一次温度测量，开始转换
void tmstart (void)
{
…….
}

//读出当前的温度数据，延时至少 800ms，等待转换结束
unsigned int ReadTemperature (void)
{
…….
}

/ * ——————————下面是按键处理函数—————————— * /
void Key (void)
{
    if ( (P3 & 0xf0) ! = 0xf0)
```

```
    {

        delayms (20); //延时，去抖动
        if (P3 _ 4 == 0) Tem _ set += 2;
        if (P3 _ 5 == 0) Tem _ set -= 2;
        if (P3 _ 6 == 0) RUN = ! RUN;
        display (Tem _ set, 0); //显示设定温度
        delayms (500); //延时
        }
}


//定时器初始化，fosc = 12MHz
void T0 _ init (void)
{
    TMOD = 0x01;
    TH0 = 0x3c; //50000us
    TL0 = 0xb6;
    IE | = 0x82;
    TR0 = 1;
}
//定时器中断服务
void T0 _ intservice (void) interrupt 1
{
    TH0 = 0x3c;
    TL0 = 0xb6;
    a++; b++;
    //WDR ();
}


//液晶显示当前温度，TEMP 是温度，y 是第几行
voidTemdisplay (unint TEMP, unchar y)
{
    unchar DispBuf;
    DispBuf = TEMP/1000;
    Printc (10, y, DispBuf+'0'); //显示百位
    TEMP = TEMP % 1000;
```

```
        DispBuf=TEMP/100;
        Printc (11, y, DispBuf+'0'); //显示十位
        TEMP =TEMP % 100;

        DispBuf=TEMP/10;
        Printc (12, y, DispBuf+'0'); //显示个位
        DispBuf =TEMP % 10;

        Printc (12, y, '.'); //显示小数点
        Printc (12, y, DispBuf+'0'); //显示 0.1 位;
}


/* ——————————下面是按键处理函数—————————— */
void Key (void)
{
    if ( (P3 & 0xf0) ! = 0xf0)
     {
       delayms (20); //延时，去抖动
       if (P3 _ 4 == 0)
{

    Tem _ set++;
    Temdisplay (0, 0); //显示设定温度
    delayms (500); //延时
}
if (P3 _ 5 == 0)
{

    Tem _ set--;
    Temdisplay (Tem _ set, 0); //显示设定温度
    delayms (500); //延时
}
if (P3 _ 6 == 0)
        {
          RUN = ! RUN;
          delayms (500); //延时
        }
     }
}
```

```
void main (void)
{
    unint Tem;
    T0 _ init (); //初始化定时器
    LCD _ Init (); //初始化液晶
    Tem _ set＝25.6; //初始设定温度为 25.6℃
    Prints (0, 0," Tem _ set:"); //第一行显示
    Temdisplay (Tem _ set, 0); //显示设定温度
    Prints (0, 1," Tem _ Read:"); //第一行显示

while (1)
{
    Key (); //修改参数, 显示
    if (a＞49) //1s 到, 检测 DS18B20
        {
            a＝0; //重新 1s 计时
            Tem = ReadTemperature (); //读取当前温度
Tem＝Tem * 10/16;
            Temdisplay (Tem, 1); //显示当前温度
            tmstart (); //发送 DS18B20 开始转换命令
}
if (RUN＝＝1)
{
P2 _ 0＝1; P2 _ 1＝1; //先关闭热水冷水, 再启动温度控制
if (Tem＞ Tem _ set＋3) { P2 _ 0＝0; } //加冷水
            if (Tem＞ Tem _ set－3) { P2 _ 1＝0;} //加热水
            //下面是控制电动机正反转
            if (b ＜＝400) {P2 _ 2＝0; P2 _ 3＝1;} //旋转电动机正传 8s
            else if (b ＜＝500) {P2 _ 2＝1; P2 _ 3＝1;} //旋转电动机停传 2s
            else if (b ＜＝900) {P2 _ 2＝1; P2 _ 3＝0;} //旋转电动机反传 8s
            else if (b ＜＝1000) {P2 _ 2＝1; P2 _ 3＝1;} //旋转电动机停传 2s
            if (b＞1000) b＝0; //旋转电动机下一周期动作
            }
if (RUN＝＝0)
        {
            P2 _ 0＝1; P2 _ 1＝1; //关闭热水冷水
            P2 _ 2＝1; //关闭旋转电机
```

```
            }
        }
    }
```

【习　题】

设计恒温箱的温度控制系统。控制系统为以单片机为核心，实现对温度实时监测和控制。温度传感器采用 DS18B20，能够通过按键设置设定温度，使用数码管显示温度。

设计提示如下：

（1）利用单片机 AT89C2051 实现对温度的控制，实现保持恒温箱在最高温度为 110℃；

（2）可预置恒温箱温度，烘干过程恒温控制，温度控制误差小于±2℃；

（3）预置时显示设定温度，恒温时显示实时温度，采用 PID 控制算法显示精确到 0.1℃；

（4）温度超出预置温度±5℃时发出声音报警；

（5）对升、降温过程没有线性要求；

（6）温度检测部分采用 DS18B20 数字温度传感器，无需数模拟／数字转换，可直接与单片机进行数字传输；

（7）人机对话部分由键盘、显示和报警三部分组成，实现对温度的显示、报警。

第10章　单片机汇编指令系统及编程

【本章要点】

- 掌握单片机汇编语言的寻址方式
- 掌握汇编语言的指令系统
- 掌握汇编语言的基本程序结构
- 理解和掌握汇编语言的典型程序

10.1　单片机汇编指令系统概述

指令是 CPU 用于控制功能部件完成某一指定动作的指示和命令。一台微机所具有的所有指令的集合，就构成了指令系统（Instruction Set）。指令系统是一套控制计算机执行操作的二进制编码，称为机器语言，机器语言指令是计算机唯一能识别和执行的指令。

为了容易编辑程序，指令系统是利用指令助记符来描述的，称为汇编语言。

51 单片机共有 111 条指令，同一指令还可以派生出多条指令。

1. 汇编语言指令格式

指令的表示方式称为指令格式，它规定了指令的长度和内部信息的安排。完整的指令格式如下：

［标号：］操作码　［操作数］［，操作数］［；注释］

其中：［ ］项是可选项，可有可无。其他部分的含义解释如下：

标号：该语句的符号地址，可以由编程人员根据需要而设置，是可选项。当汇编程序对源程序进行汇编时，结果以该指令所在的实际地址来代换标号。标号便于查询、修改以及转移指令的编程。标号通常用于转移和调用指令的目标地址。

标号由 1～8 个字符组成，第一个字符必须是英文字，不能是数字或其他符号，其余的可以是其他符号或数字，标号和操作码之间的分隔符号后必须用冒号。

操作码：规定了指令的性质和功能，用单片机所规定的助记符来表示，表示单片机作何种动作，如 MOV 表示数据传送操作，SUBB 表示减法操作。

操作数：说明参与操作的数据或该数据所存放的地址。51 单片机指令系统中，操作数一般有以下几种形式：没有操作数项，操作数隐含在操作码中，如 RET 指令；只有一个操作数，如 CPLA 指令；有两个操作数，如 ADD A，♯00H 指令，操作数之间以逗号相隔；有三个操作数，如 CJNE A，40H，LOOP 指令，操作数之间以逗号相隔。不同功能的指令，操作数的个数和作用也不同。例如，指令中若有两个操作数，写在前面的称为目的操作数（表示操作结果存放的单元地址），写在右面的称为源操作数（指出操作数的来源）。

注释：是对指令的解释说明，用以提高程序的可读性，是可选项。注释前必须加分号。

2. 机器码指令格式

机器码指令包括操作码和操作数两个基本部分。不同指令翻译成机器码后字节数也不一定相同。按照机器码个数，指令可以分为以下三种：

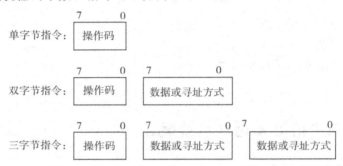

（1）单字节指令：只有1个字节的操作码，无操作数，在程序存储器中只占1个存储单元。如"RET"指令的机器码为22H。该指令只有机器码，没有操作数。

（2）双字节指令：包括2个字节，第1个字节为操作码，第2个字节为操作数，在程序存储器中要占2个存储单元。如"ADD A，30H"指令的机器码为25H，30H。

（3）三字节指令：这类指令中，第1个字节为操作码，第2和第3字节均为操作数。在程序存储器中要占3个存储单元。如"MOV 20H，30H"指令机器码为85H，20H，30H。

❋ 10.2 汇编语言的伪指令

伪指令仅仅是能够帮助汇编进行的一些指令，它主要用来指定程序或数据的起始位置，给出一些连续存放数据的确定地址，或为中间运算结果保留一部分存储空间以及表示源程序结束等。

伪指令只出现在汇编前的源程序中，仅提供汇编用的某些控制信息，编译后不产生可执行的目标代码，是单片机的CPU不执行的指令。下面介绍几种常用的伪指令。

1. 设置目标程序起始地址伪指令ORG

格式：ORG n

其中：n通常为绝对地址，可以是十六进制数、标号或表达式。

功能：规定编译后的机器代码存放的起始位置。在一个汇编语言源程序中允许存在多条定位伪指令，但每一个n值都应和前面生成的机器指令存放地址不重叠。

例程序：ORG 1000H

START：MOV A，♯20H

MOV B，♯30H

......

在一个源程序中，可以多次使用 ORG 指令，以规定不同的程序段的起始位置。但所规定的位置应该是从小到大，而且程序的存储空间不允许重叠，即不同的程序段之间不能有重叠地址。如果源程序没有 ORG 指令，此程序则从 0000H 开始存放目标程序时开始执行。

2. 结束汇编伪指令 END

格式：［标号：］END

END 是汇编语言源程序的结束标志，表示汇编结束。在 END 以后所写的指令，汇编程序都不予以处理。一个源程序只能有一个 END 命令。在同时包含有主程序和子程序的源程序中，也只能有一个 END 命令，并放到所有指令的最后，否则，就有一部分指令不能被汇编。

3. 定义字节伪指令 DB

格式：［标号：］DB 项或项表

其中，项或项表指 1 个字节，或用逗号分开的字符串，或以引号括起来的字符串（1 个字符用 ASCII 码表示，就相当于 1 个字节）。该伪指令的功能是把项或项表的数值（字符则用 ASCII 码）存入从标号开始的连续存储单元中。

【例 10-1】　　ORG 2000H

TAB1：DB　　　　　　30H，8AH，7FH，73

　　　　　DB　　　　　　'5'，'A'，'BCD'

由于 ORG 2000H，所以 TAB1 的地址为 2000H，因此以上伪指令经汇编以后，将对 2000H 开始的若干内存单元赋值：

$$(2000H) = 30H$$

$$(2001H) = 8AH$$

$$(2002H) = 7FH$$

$$(2003H) = 49H；十进制数 73 以十六进制数存放$$

$$(2004H) = 35H；数字 5 的 ASCII 码$$

$$(2005H) = 41H；字母 A 的 ASCII 码$$

$$(2006H) = 42H；'BCD'中 B 的 ASCII 码$$

$$(2007H) = 43H；'BCD'中 C 的 ASCII 码$$

$$(2008H) = 44H；'BCD'中 D 的 ASCII 码$$

4. 定义字伪指令 DW

格式：［标号：］DW 项或项表

DW 伪指令与 DB 的功能类似，所不同的是 DB 用于定义 1 个字节（8 位二进制数），而 DW 则用于定义 1 个字（即 2 个字节，16 位二进制数）。在执行汇编程序时，机器会自动按高 8 位先存入，低 8 位后存入的格式排列，这和 MCS-51 指令中 16 位数据存放的方式一致。

【例 10-2】　ORG　1500H

TAB2：DW　　　　1234H，80H

汇编以后：（1500H）＝12H，（1501H）＝34H，（1502H）＝00H，（1503H）＝80H。

5. 预留存储空间伪指令 DS

格式：［标号：］DS 表达式

该伪指令的功能是从标号指定的单元开始，保留若干字节的内存空间以备源程序使用。存储空间内预留的存储单元数由表达式的值决定。

【例 10-3】　ORG　1000H

DS　20H

DB　30H，8FH

汇编时，从 1000H 开始，预留 32（20H）个字节的内存单元，然后从 1020H 开始，按照下一条 DB 指令赋值，即（1020H）＝30H，（1021H）＝8FH。保留的存储空间将由程序的其他部分决定它们的用处。

6. 标号定义伪指令

（1）等值伪指令（EQU）或＝。

指令格式：＜标号＞EQU＜表达式＞或符号名＝表达式

功能：将表达式的值或某个特定汇编符号定义为一个指定的符号名，只能定义单字节数据，并且必须遵循先定义后使用的原则，因此该语句通常放在源程序的开头部分。其含义是标号等值于表达式，这里的标号和表达式是必不可少的。

【例 10-4】　TTY　EQU　1080H

功能是向汇编程序表明标号 TTY 的值为 1080H。

【例 10-5】　LOOPl　EQU　TTY

TTY 如果已赋值为 1080H，则 LOOPl 也为 1080H。在程序中 TTY 和 LOOPl 可以互换使用。

用 EQU 语句给一个标号赋值以后，在整个源程序中该标号的值是固定的，不能更改。

（2）数据赋值伪指令 DATA。

指令格式：符号名 DATA 表达式

功能：将表达式的值或某个特定汇编符号定义为一个指定的符号名，只能定义单字节数据，但可以先使用后定义，因此用它定义数据可以放在程序末尾进行数据定义。

【例 10-6】　MOV A，♯LEN

LEN　DATA　10

尽管 LEN 的引用在定义之前，但汇编语言系统仍可以知道 A 的值是 0AH。

7. 数据地址赋值伪指令 XDATA

格式：符号名 XDATA 表达式

功能：将表达式的值或某个特定汇编符号定义为一个指定的符号名，可以先使用后定义，并且用于双字节数据定义。

【例 10-7】　DELAY　XDATA　0356H

LCALL DELAY；执行指令后，程序转到 0356H 单元执行。

8. 位地址赋值伪指令 BIT

格式：标号 BIT 位地址

该指令的功能是将位地址赋予特定位的标号，经赋值后就可用指令中 BIT 左面的标号来代替 BIT 右边所指出的位。

【例 10-8】　FLG　BIT F0

　　　　　　　　　　　　AI　BIT　P1.0

经以上伪指令定义后，在编程中就可以把 FLG 和 AI 作为位地址来使用。

❋ 10.3　51 单片机的寻址方式

在计算机中，说明操作数所在地址的方法称为指令的寻址方式。计算机执行程序实际上是在不断寻找操作数并进行操作的过程。51 单片机的指令系统提供了 7 种寻址方式，分别为立即寻址、直接寻址、寄存器寻址、寄存器间接寻址、变址寻址、相对寻址和位寻址。一条指令可能含多种寻址方式。

1. 立即寻址

将立即参与操作的数据直接写在指令中，这种寻址方式称为立即寻址。特点是指令中直接含有所需的操作数。该操作数可以是 1 字节或 2 字节，常常处在指令的第 2 字节和第 3 字节的位置上。立即数通常使用 ♯data 或 ♯data16 表示，它紧跟在操作码的后面，作为指令的一部分与操作码一起存放在程序存储器内，可以立即得到并执行，不需要另去寄存器或存储器等处寻找和取数，故称为立即寻址。操作数是放在程序存储器的常数。注意在立即数前面加"♯"标志，用以和直接寻址中的直接地址（direc 或 bit）相区别。

【例 10-9】　MOVA，♯20H；该指令功能是将 8 位的立即数 20H 传送至累加器 A 中。该指令的执行过程如图 10-1 所示。

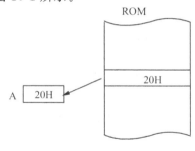

图 10-1　立即寻址

【例 10-10】　MOV DPTR，♯1000H；将 16 位的立即数"1000H"传送到数据指针 DPTR 中，立即数的高 8 位"10H"装入 DPH，低 8 位"00H"装入 DPL 中。

立即寻址所对应的寻址空间应为 ROM 存储空间。

2. 直接寻址

直接寻址是指指令中直接给出操作数所在存储单元地址的寻址方式。在这种方式中，指令的操作数部分直接是操作数的地址。MCS-51 单片机中，对于专用寄存器，直接地址是访问专用寄存器的唯一方法，也可以用专用寄存器的名称表示。

【例 10-11】　MOV A，20H ；

该指令将片内 RAM 的 20H 单元中的内容传送至 A 中。其操作数 20H 就是存放数据的单元地址，因此该指令是直接寻址。20H 是 8 位地址。该指令的执行过程如图 10-2 所示。

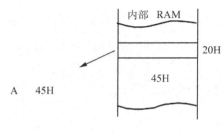

图 10-2　直接寻址

在 MCS-51 单片机中，直接寻址方式只能使用 8 位二进制地址，可以直接寻址的寻址空间为：

①片内低 128 字节单元（00H～7FH）。

②专用寄存器（如用专用寄存器的名称表示时，将被转换成相应的 SFR 地址）。

③片内 RAM 的位地址空间。

3. 寄存器寻址

寄存器寻址是指将操作数存放于寄存器中，寄存器包括工作寄存器 R0～R7、累加器 A、通用寄存器 B、地址寄存器 DPTR 和进位 Cy 等。其中 R0～R7 由操作码低 3 位的 8 种组合表示，Acc、B、DPTR、Cy 则隐含在操作码之中。这种寻址方式中被寻址的寄存器中的内容就是操作数。

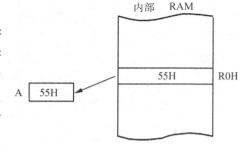

图 10-3　寄存器寻址

寄存器寻址的指令中以寄存器的符号来表示寄存器，如：MOV A，R0；（A）← （R0）。该指令功能是将 R0 中的数传送至 A 中，如 R0 内容为 55H，则执行该指令后 A 的内容也为 55H，如图 10-3 所示。在该条指令中，操作数是由寻址 R0 和 A 寄存器得到的，故属于寄存器寻址。该指令为单字节指令，机器代码为 E8H。

【**例 10-12**】　INC　R1；

该指令中 R1 中的内容就是操作数，将 R1 中的数加 1 后再传送至 R1 中。

注意工作寄存器的选择是通过程序状态字寄存器来控制的，在这条指令前，应通过 PSW 设定工作寄存器组。

寄存器寻址的寻址空间如下：

①工作寄存器 R0～R7。

②累加器 A。

③通用寄存器 B。

④数据指针 DPTR。

⑤位累加器 Cy。

4. 寄存器间接寻址

寄存器间接寻址是指将存放操作数的内存单元的地址放在寄存器中，指令中只给出该寄存器的寻址方法，称为寄存器间接寻址，简称寄存器间址。执行指令时，首先根据寄存器的内容，找到所需要的操作数地址，再由该地址找到操作数并完成相应操作。在 MCS-51 指令系统中，用于寄存器间接寻址的寄存器有 R0、R1 和 DPTR，称为寄存器间接寻址寄存器。

寄存器的内容不是操作数本身，而是操作数地址。间接寻址寄存器前面必须加上符号"@"指明。

寄存器间接寻址可用于访问片内数据存储器或片外数据存储器。但它不能访问特殊功能寄存器 SFR，这是因为内部 RAM 的高 128 字节地址与 SFR 的地址是重叠的。当访问片内 RAM 或片外的低 256 字节空间时，可用 R0 或 R1 作为间址寄存器；当访问片外 RAM 时，也可用 DPTR 作间址寄存器，DPTR 为 16 位寄存器，因此它可访问片外整个 64kB 的地址空间。在执行堆栈操作时，也可采用寄存器间接寻址，此时用堆栈指针 SP 作间址寄存器。例如，指令 MOV A，@R0；

该指令的功能是将 R0 的内容作为内部 RAM 的地址，再将该地址单元中的内容取出来送到累加器 A 中。设 R0＝50H，内部 RAM 50H 的值是 40H，则 MOV A，@R0 执行的结果是累加器 A 中的值是 40H，该指令的执行过程如图 10-4 所示。

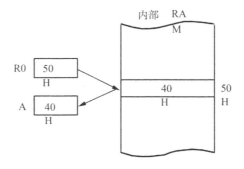

图 10-4　寄存器间接寻址示意图

【例 10-13】 MOVX A，@DPTR；是将 DPTR 指示的地址单元中的内容传送至累加器 A 中。寄存器间接寻址空间为：（1）片内 RAM；（2）片外 RAM。

5. 变址寻址

变址寻址是指将基址寄存器与变址寄存器的内容相加，结果作为操作数的地址，这种间接寻址称为基址加变址寻址，简称变址寻址。DPTR 或 PC 是基址寄存器，累加器 A 是变址寄存器，两者的内容之和为操作数的地址，改变 A 中的内容即可改变操作数的地址。该类寻址方式主要用于查表操作。

变址寻址的指令只有两条：

MOVC A，@A+DPTR

MOVC A，@A+PC

变址寻址虽然形式复杂，但是变址寻址的指令都是单字节指令。

变址寻址方式用于对程序存储器中的数据进行寻址，寻址范围为 64kB。由于程序存储器是只读存储器，所以变址寻址只有读操作而无写操作。

例如，指令 MOVC A，@A+DPTR 执行的操作是将累加器 A 和基址寄存器 DPTR 的内容相加，相加结果作为操作数存放的地址，再将操作数取出来送到累加器 A 中。

设累加器 A＝02H，DPTR＝0300H，外部 ROM 中，0302H 单元的内容是 55H，则指令 MOVC A，@A+DPTR 的执行结果是累加器 A 的内容为 55H。该指令的执行过程如图 10-5 所示。

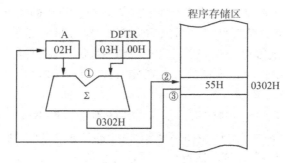

图 10-5 变址寻址

变址寻址可寻址的空间是 ROM 空间。

6. 相对寻址

相对寻址是指程序计数器 PC 的当前内容与指令中的操作数相加，其结果作为跳转指令的转移地址（也称目的地址）。它用于访问程序存储器，该类寻址方式主要用于跳转指令。

PC 中的当前值称为基地址，PC 当前值 ＝源地址 ＋转移指令字节数。

【例 10-14】 JZ rel 是一条累加器 A 为零就转移的双字节指令。若该指令地址（源地址）为 0010H，则执行该指令时的当前 PC 值即为 0012H。

偏移量 rel 是有符号的单字节数，以补码表示，其相对值的范围是－128～＋127（即 00H～FFH），负数表示从当前地址向上转移，正数表示从当前地址向下转移。所以，相对转移指令满足条件后，转移的地址（一般称为目标地址）应为：目标地址 ＝当前 PC 值 ＋ rel ＝源地址 ＋转移指令字节数 ＋ rel。

此种寻址方式一般用于相对跳转指令，使用时应注意指令的字节数。设指令 SJMP 52H 的机器码 80H 52H 存放在 1000H 处，这条指令为双字节指令，当执行到该指令时，先从 1000H 和 1001H 单元取出指令，PC 自动变为 1002H；再把 PC 的内容与操作数 52H 相加，形成目标地址 1054H，再送回 PC，使得程序跳转到 1054H 单元继续执行。该指令的执行过程如图 10-6 所示。

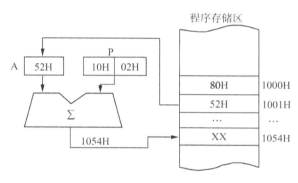

图 10-6　相对寻址

相对寻址寻址的空间为程序存储器。

7. 位寻址

位寻址是指按位进行的寻址操作，而上述介绍的指令都是按字节进行的寻址操作。MCS-51 单片机中，操作数不仅可以以字节为单位进行操作，也可以按位进行操作。当我们把某一位作为操作数时，这个操作数的地址称为位地址。位寻址方式中，操作数是内部 RAM 单元中某一位的信息，位寻址指令中可以直接使用位地址。

在进行位操作时，借助于进位标志 Cy 作为操作累加器。操作数直接给出该位的地址，然后根据操作码的性质对其进行位操作。位寻址的位地址与直接寻址的字节地址形式完全一样，主要由操作码来区分，使用时需予注意。例如，MOV C，30H 指令中的 30H 是位地址，而 MOV A，30H 指令中的 30H 是字节地址。指令 MOV C，30H 的功能是把 30H 位的状态送进位 C。

例如，指令 SETB 35H 执行的操作是将内部 RAM 位寻址区中的 35H 位置 1。

设内部 RAM 26H 单元的内容是 00H（8 位 0），执行 SETB 35H 后，由于 35H 对应内部 RAM 26H 的第 5 位，因此该位变为 1，也就是 26H 单元的内容变为 20H。该指令的执行过程如图 10-7 所示。

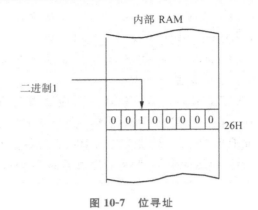

图 10-7 位寻址

位寻址可寻址空间为：

（1）内部 RAM 的位寻址区，地址范围是20H～2FH，共 16 个 RAM 单元，位地址为 00H～7FH；对这 128 个位的寻址使用直接位地址表示，位寻址区中的位的有位地址和单元地址加位两种表示方法。

（2）特殊功能寄存器 SFR 中有 11 个寄存器可以位寻址。并且位操作指令可对地址空间的每一位进行传送及逻辑操作。

综上所述，在 MCS-51 系列单片机的存储空间中，指令究竟对哪个存储器空间进行操作是由指令操作码和寻址方式确定的。

🌸 10.4　常用指令系统及应用举例

MCS-51 的指令系统共 111 条指令，分为以下五大类：①数据传送指令类 29 条，分为片内 RAM、片外 RAM、程序存储器的传送指令、交换及堆栈操作指令。②算术运算类 24 条，分为加、带进位加、减、乘、除、加 1、减 1 指令。③逻辑运算类 24 条，分为逻辑与、或、异或、移位指令。④控制转移类 17 条，分为无条件转移与调用、条件转移、空操作指令。⑤布尔变量操作类 17 条，分为位数据传送、位与、位或、位转移指令。

1. 指令的符号说明

指令的书写必须遵守一定的规则，为了叙述方便，我们采用如下约定：

（1）Rn：表示当前选中寄存器区中的 8 个工作寄存器 R0～R7（$n=0～7$），当前工作寄存器的选定是由 PSW 的 RS1 和 RS0 位决定的。

（2）Ri：表示当前选中的寄存器区中的 2 个寄存器 R0、R1。可用作间接寻址的寄存器，只能是 R0 和 R1 两个寄存器，$i=0$、1。

（3）direct：表示 8 位内部数据存储器单元的地址。它可以是内部 RAM 的 0～127 单元地址或专用寄存器的地址（SFR 的单元地址或符号128～255），如 I/O 端口、控制寄存器、状态寄存器等的地址，寻址范围 256 个单元。对于 SFR 可直接用其名称来代替其直接地址。

（4）♯data：表示包含在指令中的 8 位立即数，即 00H～FFH。

（5）♯data16：表示包含在指令中的 16 位立即数，即 0000H～FFFFH。

（6）addr16：表示 16 位目的地址，主要用在 LCALL 和 LJMP 指令中。目的地址范围是 64kB 的程序存储器地址空间。

（7）Addr11：表示 11 位目的地址，用在 ACALL 和 AJMP 指令中。ACALL 和 AJMP 的目的地址范围最大是 2kB 的程序存储器地址空间。目的地址与该指令后面的第一条指令的第一个字节应同在一个 2kB 程序存储器地址空间之内（1 页内）。

（8）rel：表示 8 位带符号的偏移量，用于 SJMP 和所有条件转移指令中。偏移量（字节数）从该指令后面的第一条指令的第一个字节起计算，在－128～＋127 范围内取值。

（9）DPTR：为数据指针，可用作 16 位的地址寄存器。

（10）bit：表示内部 RAM 或专用寄存器中的直接寻址位。

（11）A：累加器 Acc。

（12）B：专用寄存器，用于 MUL 和 DIV 指令中。

（13）C：为进位标志或进位位，或布尔处理机中的累加器。

（14）@：为间址寄存器或基址寄存器的前缀，如@Ri，@A＋PC，@A＋DPTR，表示寄存器。

（15）/：位操作数的前缀，表示对该位操作数取反，如/bit。间接寻址。

（16）X：表示直接地址或寄存器。

（17）（X）：表示 X 中的内容。另外在注释间接寻址指令时，表示由间址寄存器 X 指出的地址单元。

（18）（（X））：注释间接寻址指令时，表示由间址寄存器 X 指出的地址单元中的内容。即将 X 的内容作为地址，表示该地址中的内容。

（19）←：表示将箭头右边的内容传送至箭头的左边，在操作说明（注释）中用。

2. 数据传送类指令

数据传送指令是 MCS-51 单片机汇编语言程序设计中最基本、最重要的指令，包括内部 RAM、寄存器、外部 RAM 以及程序存储器之间的数据传送。

数据传送指令一共 29 条，按存储器的空间划分来进行分类，共 5 类。这类指令一般是把源操数传送到目的操作数，指令执行后，源操作数不变，目的操作数修改为源操作数。传送类指令一般不影响标志位，对目的操作数为累加器 A 的指令将影响奇偶标志位 P。传送类指令使用 8 种助记符：MOV、MOVX、MOVC、XCH、XCHD、SWAP、PUSH 及 POP。传送类指令的类型、目的操作数、助记符、功能、字节数、执行所用的振荡周期等如表 10-1 所示。

表 10-1　数据传送类指令

类　型	目的操作数	助记符	功能	字节数	机器周期
片内RAM传送指令	A	MOV　A，Rn	A←（Rn）	1	1
		MOV　A，@Ri	A←（（Ri））	1	1
		MOV　A，#data	A←#data	2	1
		MOV　A，direct	A←（direct）	2	1
	Rn	MOV　Rn，A	Rn←（A）	1	1
		MOV　Rn，direct	Rn←（direct）	2	2
		MOV　Rn，#data	Rn←#data	2	2
	Direct	MOV　direct，A	direct←（A）	2	1
		MOV　direct，Rn	direct←（Rn）	2	2
		MOV　direct1，direct2	Direct←（direct2）	3	2
		MOV　direct，@Ri	direct←（（Ri））	2	2
		MOV　direct，#data	direct←#data	3	2
	@Ri	MOV　@Ri，A	（Ri）←（A）	1	1
		MOV　@Ri，direct	（Ri）←（direct）	2	2
		MOV　@Ri，#data	（Ri）←#data	2	1
16位数据传送指令	DPTR	MOV DPTR，#data16	DPTR←#data16	3	2
片外RAM传送指令	A	MOVX A，@Ri	A←（（Ri））	1	1
		MOVX A，@DPTR	A←（（DPTR））	1	2
	@Ri	MOVX @Ri，A	（Ri）←（A）	1	2
	@DPTR	MOVX @DPTR，A	（DPTR）←（A）	1	2
ROM传送指令	A	MOVC A，@A+PC	A←（（A）+（PC））	1	2
		MOVC A，@A+DPTR	A←（（A）+（DPTR））	1	2
交换指令	A	XCH A，Rn	（A）←→（Rn）	1	1
		XCH A，@Ri	（A）←→（（Ri））	1	1
		XCH A，direct	（A）←→（direct）	2	1
		XCHD A，@Ri	$(A)_{0-3}$←→$((Ri))_{0-3}$	1	1
		SWAP A	$(A)_{0-3}$←→$(A)_{4-7}$	1	1
堆栈指令	Direct	PUSH direct	SP←（SP）+1；（SP）←（direct）	2	2
		POP direct	Direct←（（SP））；SP←（SP）-1	2	2

（1）内部 8 位数据传送指令。内部 8 位数据传送指令共 15 条，主要用于 MCS-51 单片机内部 RAM 与寄存器之间的数据传送。指令的助记符为 MOV（MOVE），指令基本格式：

MOV<目的操作数>，<源操作数>

由于目的操作数和源操作数都能够采用多种寻址方式，所以这类指令可以延伸生成多条指令。注意，在立即寻址、直接寻址、寄存器寻址、寄存器间接寻址方式中，要注意下面几点：立即数不能作为目的操作数；工作寄存器和工作寄存器之间不能互传；寄存器寻址和寄存器间接寻址不能互传。

其传送操作过程如图 10-8 所示。

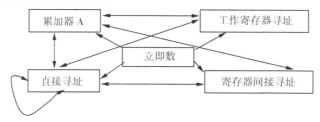

图 10-8　数据传送操作

① 以累加器 A 为目的地址的传送指令（4 条）。

MOV A，Rn

MOV A，direct

MOV A，@Ri

MOV A，#data

注意：以上传送指令的结果均影响程序状态字寄存器 PSW 的 P 标志。

【例 10-15】　已知（R0）＝30H，（30H）＝4EH，（50H）＝28H，请指出单条指令执行后，累加器 A 内容相应的变化。

a. MOV A，#20H

b. MOV A，30H

c. MOV A，R0

d. MOV A，@R0

执行后：

a.（A）＝20H

b.（A）＝4EH

c.（A）＝30H

d.（A）＝4EH

② 以 Rn 为目的地址的传送指令（3 条）。

MOV Rn，A

MOV Rn，direct

MOV Rn，#data

注意：以上传送指令的结果不影响程序状态字寄存器 PSW 标志。例如：

MOV R7，A

MOV R7，30H

MOV R5，#20H

③ 以直接地址为目的地址的传送指令（5 条）。

MOV direct，A

MOV direct，Rn

MOV direct2，direct1

MOV direct，@Ri

MOV direct，＃data

注意：以上传送指令的结果不影响程序状态字寄存器 PSW 标志。如下面指令：

MOV 40H，A

MOV 40H，R5

MOV 40H，50H

MOV 40H，@R0

MOV 40H，＃20H

④以寄存器间接地址为目的地址的传送指令（3 条）。

MOV @Ri，A

MOV @Ri，direct

MOV @Ri，＃data

注意：以上传送指令的结果不影响程序状态字寄存器 PSW 标志。

【例 10-16】 已知 (R0)＝50H，(20H)＝48H，(50H)＝28H，(R1)＝60H，请指出单条指令执行后，各单元内容的变化。

　　a. MOV 50H，＃20H

　　b. MOV 40H，50H

　　c. MOV 55H，R0

　　d. MOV 20H，@R0

　　e. MOV @R1，20H

执行后各单元内容如下：

a.　(50H)＝20H

b.　(40)＝28H

c.　(55H)＝50H

d.　(20)＝28H

e.　(60)＝48H

⑤16 位数据传送指令（1 条）。

MOV DPTR，＃data16

这是 51 单片机中唯一的一条 16 位立即数传递指令，大家知道 51 系列单片机是一种 8 位单片机，8 位单片机所能表示的最大数只能是 0～255，如果现在有个数是 1234H，我们要把它送入 DPTR，该怎么办呢？INTEL 公司已经把 DPTR 分成了两个寄存器 DPH 和 DPL，我们只要把 12H（高 8 位）送入 DPH，把 34H（低 8 位）送入 DPL 中就可以了。所以执行指令 MOV DPTR，＃1234H 和执行指令 MOV DPH ＃12H（1）；MOV DPL ＃

34H（2）；是一样的。

注意：以上指令结果不影响程序状态字寄存器 PSW 标志。

（2）外部数据传送指令（4 条）。单片机内部 RAM 容量有限，当单片机的内部 RAM 不够用时，我们就要扩充 RAM 空间，51 单片机的片外 RAM 可以扩展到 64K，即 0000H～FFFFH。片外 RAM（即片外数据存储器）和累加器 A 通过外部数据传送指令进行数据传递，指令助记符为 MOVX（Move external），它们之间的传递指令共有以下 4 条：

MOVX A，@DPTR

MOVX A，@Ri

MOVX @DPTR，A

MOVX @Ri，A

以上传送指令结果通常影响程序状态字寄存器 PSW 的 P 标志。

注意：外部 RAM 只能通过累加器 A 进行数据传送。

累加器 A 与外部 RAM 之间传送数据时只能用间接寻址方式，可以访问片外 RAM64KB 的范围。间接寻址寄存器为 DPTR，Ri。其中 Ri 只能存放外部 RAM 地址的低 8 位，高 8 位地址由 P2 口输出。

使用时应当首先将要读出或写入的地址送入 DPTR 或 Ri 中，然后再用读写指令。

MCS-51 指令系统中没有设置访问外设的专用 I/O 指令，且片外扩展的 I/O 端口与片外 RAM 是统一编址的，因此对片外 I/O 端口的访问均可使用以上 4 条指令。

【例 10-17】   把外部 RAM1000H 单元的内容送入内部 RAM20H 单元中。

解：MOV DPTR，♯1000H

    MOVX A，@DPTR

    MOV 20H，A

【例 10-18】   已知（A）=30H，（P2）=20h，（R0）=50H。执行 MOVX @R0，A 后，相应单元内容的变化。

解：（2050H）=30H

（3）ROM 查表指令（2 条）。

指令的助记符：MOVC（Move Code）

通常 ROM 中可以存放两方面的内容：一是单片机执行的程序代码；二是一些固定不变的常数（如表格数据，字段代码等）。访问 ROM 实际是指从 ROM 中读取常数。ROM 只能读取指令，而不能写入数据，这一点和 RAM 是不同的。该类指令主要用于查表，其数据表格可以放在程序存储器中。有下列 2 条：

MOVC A，@A＋PC

MOVC A，@A＋DPTR

注意：该指令是将 ROM 中的数送入 A 中，通常称其为查表指令，我们常用此指令来查一个已做好在 ROM 中的表格。

该条指令为变址寻址，本指令是要在 ROM 的一个地址单元中找出数据，显然必须知道这个单元的地址。这个单元的地址是这样确定的，在执行本指令前 DPTR 中有一个数，A 中也有一个数，执行指令时，将 A 和 DPTR 中的数加起来，就成为要查找的数的单元地址，把查找到的结果放在 A 中，因此，本条指令执行前后 A 中的值不一定相同。

以上指令结果影响程序状态字寄存器 PSW 的 P 标志。

第一条指令：

MOVC A，@A＋PC；操作：PC← （PC）＋1

A←((A)＋(PC))

该指令是以 PC 作为基址寄存器，A 作为变址寄存器。将 A 的内容和 PC 当前的内容（下一条指令的第一字节地址）相加后得到一个 16 位地址，然后将该地址指定的程序存储器单元中的内容送入累加器 A 中，变址寄存器 A 的内容为 0～255。因此。将 A 的内容和 PC 当前的内容相加所得的地址只能在该查表指令以下的 255 个单元的地址之内，表格的大小也受到限制，称之为近程查表。

【例 10-19】 执行下列程序后，A 中的内容为多少？

        ORG   1000H；各指令的地址为：

        MOV   A，♯09H；1000H

        MOVC   A，@A＋PC；1002H

        RET；1003H

        ORG   100AH

TAB：DB   00H ；100AH

      DB   0B6H；100BH

      DB   0C4H；100CH

      DB   0E0H ；100DH

运行结果：A＝0C4H，

第二条指令：

        MOVC A，@A＋DPTR；操作：A←((A)＋(DPTR))

这条指令是以 DPTR 作为基址寄存器，A 作为变址寄存器。将 A 的内容和 DPTR 的内容相加后得到一个 16 位地址，然后将该地址指定的程序存储器单元中的内容送到累加器 A 中。

该表格的大小和位置可以在 64k 的程序存储器中任意安排。

【例 10-20】 设累加器 A 中为 ASCII 码。试编程将其转换为 16 进制表示（00H～09H）的 BCD 码，并将其送到 30H 地址单元中。

解：ORG   0000H

        AJMP MAIN

        ORG 0100H

MAIN：   MOV   DPTR，♯TAB

```
    MOVC  A，@A+DPTR
    MOV   30h，A
```

RET

TABA：DB00H，01H，02H，03H，04H，05H，06H，07H，08H，09H

（4）堆栈操作指令（2 条）。在单片机中，我们可以在内部 RAM 中构造出这样一个区域，这个区域存放数据的规则"先进后出，后进先出"的原则，为什么要有这样一个区域呢？存储器本身不也同样可以存放数据吗？是的，知道了存储器地址确实可以读出它里面的内容，但如果我们要读出的是一批数据，每一个数据都要给出一个地址就会很麻烦，为了简化操作就可以利用堆栈的存放方法来读取数据，那么堆栈在单片机的什么地方，也就是说把 RAM 空间的哪一块区域作为堆栈呢？这就不好定了，因为单片机是一种通用的产品，每个人的实际需要各不相同。有人需要多一些堆栈，而有人则不需要那么多堆栈，用户（编程者）可以根据自己的需要来决定，所以单片机中堆栈的位置是可以变化的。而这种变化就体现在 SP 中值的变化。

对堆栈的操作指令有 2 条

PUSH direct；操作：SP←（SP）+1（SP）←（direct）

POP direct；操作：direct←（（SP））SP←（SP）-1

PUSH 指令是入栈（或称压栈、进栈）指令，其功能是先将栈指针 SP 的内容加 1，然后将直接寻址单元中的数压入 SP 所指示的单元中。POP 是出栈（或称弹出）指令，其功能是先将栈指针 SP 所指示的单元内容弹出送到直接寻址单元中，然后将 SP 的内容减 1，仍指向栈顶。

使用堆栈时，一般需重新设定 SP 的初始值。系统复位或上电时 SP 的值为 07H，而 07H～1FH 正好也是 CPU 的工作寄存器区，故不能被占用。一般 SP 的值可以设置在 1FH 或更大一些的片内 RAM 单元。设 SP 初值时应保证堆栈有一定的深度。SP 的值越小，堆栈的深度越深。

注意：堆栈是用户自己设定的内部 RAM 中的一块专用存储区，使用时一定先设堆栈指针，堆栈指针缺省为 SP=07H。堆栈遵循后进先出的原则安排数据。堆栈操作必须是字节操作，且只能直接寻址。将累加器 A 入栈、出栈指令可以写成：

PUSH（POP）ACC 或 PUSH（POP）0E0H

而不能写成：PUSH（POP ）A

堆栈通常用于临时保护数据及子程序调用时保护现场和恢复现场。

以上指令结果不影响程序状态字寄存器 PSW 标志。

【例 10-21】　说明下面指令的执行过程。

```
MOV SP，#5FH
MOV A，#100
MOV B，#20
PUSH ACC
```

PUSH B

上面指令的执行过程是这样的：将 SP 中的值加 1，即变为 60H，然后将 A 中的值♯100 送到 60H 单元中，因此执行完 PUSH ACC 这条指令后，内存 60H 单元的值就是 100。同样，执行 PUSH B 时，先将 SP+1 即变为 61H，然后将 B 中的值送入 61H 单元中，即执行完本条指令后 61H 单元中的值变为 20。

【例 10-22】 说明下面指令的执行过程。

MOV SP，♯5FH

MOV A，♯100

MOV B，♯20

PUSH ACC

PUSH B

POP B

POP ACC

POP 指令的执行是这样的：首先将 SP 中的值作为地址，并将此地址中的数送到 POP 指令后面的那个 direct 中，然后 SP 减 1。上面程序的执行过程是：将 SP 中的值，现在是 61H，作为地址，取 61H 单元中的数值，现在是 20，送到 B 中，所以执行完 POP B 指令后 B 中的值是 20，然后将 SP 减 1，那么此时 SP 的值就变为 60H，然后执行 POP ACC，将 SP 中的值 60H 作为地址从该地址中取数，现在是 100，并送到 ACC 中，所以执行完本条指令后 ACC 中的值是 100。

实际工作中，入栈结束后，即执行指令 PUSH B 后，往往要执行其他的指令，这些指令就会改变 A 中和 B 中的值，所以在程序执行结束后，如果要把 A 和 B 中的值恢复到原来的值，那么这两条出栈指令就有意义了。

(5) 交换指令（5 条）。

指令助记符为 XCH（exchange）。

① 字节交换指令（3 条）。

XCH A，Rn

XCH A，direct

XCH A，@Ri

这 3 条指令的功能是将 A 的内容与源操作数所指出的数据互换。

注意：以上指令结果影响程序状态字寄存器 PSW 的 P 标志。

②半字节交换指令（1 条）。

指令助记符为 XCHD（exchange low-order Digit）。

XCHD A，@Ri

该指令功能是将 A 内容的低 4 位与 Ri 所指的片内 RAM 单元中的低 4 位数据互相交换，各自的高 4 位不变。

注意：上面指令结果影响程序状态字寄存器 PSW 的 P 标志。

③累加器 A 中高 4 位和低 4 位交换（1 条）。

SWAP A

该指令是将 A 中内容的高、低 4 位数据互相交换。

注意：该指令结果不影响程序状态字寄存器 PSW 标志。

【例 10-23】　已知（R0）＝24H，（24H）＝89H，（A）＝56H，执行下面指令后，各单元内容的变化

　　a. XCH A，R0

　　b. XCH A，@R0

　　c. XCHD A，@R0

　　解：执行完上述指令后，各地址单元的内容为：

　　a.（A）＝24H，（R0）＝56H

　　b.（A）＝89H，（24H）＝56H

　　c.（A）＝59H，（24H）＝86H

【例 10-24】　试编程序，将 A 中存放的 2 位 BCD 码转换为 ASCⅡ码，并送到 30H，31H 单元中。

　　解：编程序如下：

ORG 0000H

AJMP MAIN

ORG 0100H

MAIN：MOV 20H，A

ANL A，＃0FH

ADD A，＃30H

MOV30H，A

MOV A，20H

SWAP A

ANL A，＃0FH

ADD A，＃30H

MOV 31H，A

RET

3. 算术运算类指令

算术运算类指令共有 24 条。其中包括 4 种基本的算术运算指令，即加、减、乘、除。这 4 种指令能对 8 位无符号数进行直接运算。

算术运算指令对程序状态字 PSW 中的 Cy、Ac、OV 三个标志位都有影响，根据运算的结果可将它们置 1 或清零。但是加 1 和减 1 指令不影响这些标志。其指令如表 10-2 所示。

表 10-2　算术运算类指令

类型	助记符	功能	对 PSW 的影响	字节	机器周期
不带进位加	ADD A，Rn	A← (A) ＋ (Rn)	CyOVAc	1	1
	ADD A，@Ri	A← (A) ＋ ((Ri))	CyOVAc	1	1
	ADDA，direct	A← (A) ＋ (direct)	CyOVAc	2	1
	ADD A，＃data	A← (A) ＋＃data	CyOVAc	2	1
带进位加	ADDC A，Rn	A← (A) ＋ (Rn) ＋ (Cy)	CyOVAc	1	1
	ADDC A，@Ri	A← (A) ＋ ((Ri)) ＋ (Cy)	CyOVAc	1	1
	ADDC A，direct	A← (A) ＋ (direct) ＋ (Cy)	CyOVAc	2	1
	ADDC A，＃data	A← (A) ＋＃data＋ (Cy)	CyOVAc	2	1
带进位减	SUBB A，Rn	A← (A) － (Rn) － (Cy)	CyOVAc	1	1
	SUBB A，@Ri	A← (A) － ((Ri)) － (Cy)	CyOVAc	1	1
	SUBB A，direct	A← (A) － (direct) － (Cy)	CyOVAc	2	1
	SUBB A，＃data	A← (A) －＃data－ (Cy)	CyOVAc	2	1
加 1	INC A	A← (A) ＋1	P	1	1
	INC Rn	Rn← (Rn) ＋1	无影响	1	1
	INC @Ri	(Ri) ← ((Ri)) ＋1	无影响	1	1
	INC direct	Direct← (direct) ＋1	无影响	2	1
	INC DPTR	DPTR← (DPTR) ＋1	无影响	1	2
减 1	DEC A	A← (A) －1	P	1	1
	DEC Rn	Rn← (Rn) －1	无影响	1	1
	DEC @Ri	(Ri) ← ((Ri)) －1	无影响	1	1
	DEC direct	Direct← (direct) －1	无影响	2	1
乘法	MULAB	BA← (A) × (B)	Cy＝0 OV P	1	4
除法	DIVAB	A← (A) / (B) (商)，B←余数	Cy＝0 OV P	1	4
十进制调整	DAA		CyAc	1	1

（1）加法指令（8 条）。

①不带进位加法指令（4 条）。

ADD A，Rn

ADD A，direct

ADD A，@Ri

ADD A，＃data

这 4 条指令使得累加器 A 可以和内部 RAM 的任何一个单元的内容进行相加，也可以和一个 8 位立即数相加，相加结果存放在 A 中。无论是哪一条加法指令，参加运算的都是两个 8 位二进制数。对用户来说，这些 8 位数可当作无符号数（0～255），也可以当作带符号数（－128～＋127），即补码数。例：对于二进制数 11010011，用户可认为它是无符号数，即为十进制数 211，也可以认为它是带符号数，即为十进制负数－45。但计算机在作加法运算时，总按以下规定进行：

a. 在求和时，总是把操作数直接相加，而无须任何变换。

【例 10-25】　若 A＝11010010B，R1＝11101000B，执行指令 ADD A，R1 时，其算式表达为：

运算：
```
              1 1 0 1 0 0 1 0
        +)    1 1 1 0 1 0 0 0
      ─────────────────────────
结果：   1     1 0 1 1 1 0 1 0
```

相加后（A）＝10111010B。若认为是无符号相加，则 A 的值代表十进制数 186；若认为是带符号补码数相加，则 A 的值为十进制负数－70。

b. 在确定相加后进位标志 CY 的值时，总是把两个操作数作为无符号数直接相加而得出进位 CY 值。如上例中，相加后 CY＝1。

c. 在确定相加后溢出标志 OV 的值时，和的 D7 位、D6 位只有一个有进位时，(OV)＝1，D7、D6 位同时有进位或同时无进位时，(OV)＝0。在作加法运算时，一个正数和一个负数相加是不可能产生溢出的，只有两个同符号数相加才有可能产生溢出，表示运算结果出错。

d. 加法指令还会影响半进位标志和奇偶标志 P。在上述例子中，由于 D3 相加对 D4 没有进位，所以 AC＝0，而由于运算结果 A 中 1 的数目为奇数，故 P＝1。

②带进位加法（4 条）。带进位加减法指令一般用于多字节数的加减法运算。低字节相加减时，结果可能产生进、借位，可以通过带进位加减法指令将低字节产生的进、借位加减到高字节上去。高字节加减时必须使用带进位的加减法指令。

ADDC A，Rn

ADDC A，direct

ADDC A，@Ri

ADDC A，♯data

注意：

a. ADD 与 ADDC 的区别为是否加进位 CY。

b. 指令执行结果均在累加器 A 中。

c. 以上指令结果均影响程序状态字寄存器 PSW 的 CY、OV、AC 和 P 标志。

【例 10-26】　双字节无符号数加法（R0 R1）＋（R2 R3）→（R4 R5），R0、R2、R4 存放 16 位数的高字节，R1、R3、R5 存放低字节。由于不存在 16 位数加法指令，所以只能先加低 8 位，后加高 8 位，而在加高 8 位时要连低 8 位相加时产生的进位一起相加。假设其和不超过 16 位，其编程如下：

MOV A，R1；取被加数低字节，E9

ADD A，R3；低字节相加，2B

MOV R5，A；保存和低字节，FD

MOV A，R0；取高字节被加数，E8

ADDC A，R2；两高字节之和加低位进位，3A

MOV R4, A；保存和高字节，FC

③加1指令（5条）。

INC A

INC Rn

INC direct

INC @Ri

INC DPTR

从结果上看 INC A 和 ADD A，♯1差不多，但 INC A 是单字节单周期指令，而 ADD A，♯1则是双字节双周期指令，而且 INC A 不会影响 PSW 位，如 A ＝0FFH INCA后 A ＝00H，而 CY 依然保持不变，如果是 ADD A，♯1，则 A ＝00H 而 CY 一定是 1，因此，加1指令并不适合做加法，事实上它主要是用来做计数、地址增加等用途。另外，加法类指令都是以 A 为核心的，其中一个数必须放在 A 中，而运算结果也必须放在 A 中，而加1类指令的对象则广泛得多，可以是寄存器、内存地址、间址寻址的地址等。

【例 10-27】　设（R0）＝7EH，（7EH）＝FFH，（7FH）＝38H，（DPTR）＝10FEH，分析逐条执行下列指令后各单元的内容。

　　INC @R0；使 7EH 单元内容由 FFH 变为 00H

　　INC R0；使 R0 的内容由 7EH 变为 7FH

　　INC @R0；使 7FH 单元内容由 38H 变为 39H

　　INC DPTR；使 DPL 为 FFH，DPH 不变

　　INC DPTR；使 DPL 为 00H，DPH 为 11H

　　INC DPTR；使 DPL 为 01H，DPH 不变

④BCD 码调整指令（1条）。

　　DA　A

该指令是在进行 BCD 码加法运算时，用来对 BCD 码加法运算的结果进行修正。但对 BCD 码的减法运算不能用此指令来进行修正。

操作方法为：

若 ［（A）0～3＞9 或（Ac）＝1，则 A← （A）＋06h。

若 ［（A）4～7＞9 或（Cy）＝1，则 A← （A）＋60h。

若上述两个条件均满足，则 A← （A）＋66h。

BCD 码调整指令也叫十进制调整指令，是一条对二至十进制的加法进行调整的指令。两个压缩 BCD 码按二进制相加，必须经过本条指令调整后才能得到正确的压缩 BCD 码和数，实现十进制的加法运算。由于指令要利用 AC、CY 等标志才能起到正确的调整作用，因此它必须跟在加法 ADD、ADDC 指令后面方可使用。

注意：

a. 结果影响程序状态字寄存器 PSW 的 CY、OV、AC 和 P 标志。

b. BCD（Binary Coded Decimal）码是用二进制形式表示十进制数，例如十进制数 45，

其 BCD 码形式为 45H。BCD 码只是一种表示形式，与其数值没有关系。

BCD 码用 4 位二进制码表示 1 位十进制数，这 4 位二进制数的权为 8421，所以 BCD 码又称为 8421 码。十进制数码 0～9 所对应的二进制码如表 10-3 所示。

表 10-3　十进制数码与 BCD 码对应表

十进制数	0	1	2	3	4	5	6	7	8	9
二进制码	0000	0001	0010	0011	0100	0101	0110	0111	1000	1001

c. DA A 指令将 A 中的二进制码自动调整为 BCD 码。

d. DA A 指令只能跟在 ADD 或 ADDC 加法指令后，不适用于减法。

【例 10-28】　BCD 码加法 65＋58，进行十进制调整。

解：参考程序如下：

$$MOV\quad A，\#65H；(A)\leftarrow 65$$

$$ADD\quad A，\#58H；(A)\leftarrow (A)+58$$

$$DA\quad A；十进制调整$$

```
              0110 0101   65H
        +)    0101 1000   58H
      结果：  1011 1101   BDH
 DA   A       1011 1101
        +) 0110 0110
      Cy=1  0010 0011
```

执行结果：(A) = (23) BCD，(CY) =1，即：65＋58=123。

【例 10-29】　6 位 BCD 码加法程序。设被加数放在 30H、31H、32H 地址单元中，加数放在 40H、41H、42H 地址单元中，和放在 30H、31H、32H 地址单元中。

BCD：MOV R0，#30H ；设置被加数的地址指针

MOV R1，#40H；设置加数地址指针

MOV R5，#3；设置计数器

CLR C；清 CY

MOV A，@R0

LOOP：ADDC A，@R1；

DA A；十进制调整

MOV @R0，A；送结果

INC R0；

INC R1；

DJNZ R5，LOOP

RET

（2）减法指令。

①带借位减法（4 条）。

SUBB A，Rn

SUBB A，direct

SUBB A，@Ri

SUBB A，♯data

这组指令的功能是：将累加器 A 的内容与第二操作数及进位标志相减，结果送回累加器 A 中。在执行减法过程中，如果位 7（D7）有借位，则进位标志 Cy 置"1"，否则清"0"；如果位 3（D3）有借位，则辅助进位标志 AC 置"1"，否则清"0"；如位 6 有借位而位 7 没有借位，或位 7 有借位而位 6 没有借位，则溢出标志 OV 置"1"，否则清"0"。若要进行不带借位的减法操作，则必须先将 Cy 清"0"。

注意下面几点：

a. 减法指令中没有不带借位的减法指令，在需要时，必须先将 CY 清 0。

b. 指令执行结果均在累加器 A 中。

c. 减法指令结果影响程序状态字寄存器 PSW 的 CY、OV、AC 和 P 标志。

【例 10-30】　双字节无符号数相减（R0 R1）→（R2 R3）→（R4 R5）。R0、R2、R4 存放 16 位数的高字节，R1、R3、R5 存放低字节，先减低 8 位，后减高 8 位和低位减借位。由于低位开始减时没有借位，所以要先清零。

ORG 0000H

AJMP MAIN

ORG 0100H

MAIN：MOV A，R1；取被减数低字节

CLR C；清借位位

SUBB A，R3；低字节相减

MOV R5，A；保存差低字节

MOV A，R0；取被减数高字节

SUBB A，R2；两高字节差减低位借位

MOV R4，A；保存差高字节

RET

②减 1 指令（4 条）。

DEC A

DEC Rn

DEC direct

DEC @Ri

这组指令的功能是：将指出的操作数内容减 1。如果原来的操作数为 00H，则减 1 后将产生下溢出，使操作数变成 0FFH，但不影响任何标志。

注意：以上指令结果通常不影响程序状态字寄存器 PSW。

（3）乘法指令（1 条）。

MUL A B

乘法指令的功能是把累加器 A 和寄存器 B 中的两个 8 位无符号数相乘，将乘积 16 位数中的低 8 位存放在 A 中，高 8 位存放在 B 中。若乘积大于 FFH（255），则溢出标志 OV 置 1，否则 OV 清 0。乘法指令执行后进位标志 CY 总是清零，即 CY＝0。另外，乘法指令本身只能进行两个 8 位数的乘法运算，要进行多字节乘法还需编写相应的程序。

【例 10-31】　若（A）＝4EH，（B）＝5DH

执行指令：MUL A B

结果：积为（BA）＝1C56H＞FFH，（A）＝56H，（B）＝1CH

OV＝1，CY＝0，P＝0

【例 10-32】　利用单字节乘法指令进行双字节数乘以单字节数运算。若被乘数为 16 位无符号数，地址为 20H 和 21H（低位先、高位后），乘数为 8 位无符号数，地址为 22H，积存入 R2、R3 和 R4 三个寄存器中。

```
MOV R0，♯20H；被乘数地址存于 R0
MOV A，@R0；取 16 位数低 8 位
MOV B，22H；取乘数
MUL AB；（20H）×（22H）
MOV R4，A；存积低 8 位
MOV R3，B；暂存（M1）×（M2）高 8 位
INC R0；指向 16 位数高 8 位
MOV A，@R0；取被乘数高 8 位
MOV B，22H；取乘数
MUL A B；（21H）×（22H）
ADD A，R3；（A）＋（R3）得（积）15～8
MOV R3，A；（积）15～8 存 R3
MOV A，B；积最高 8 位送 A
ADDC A，♯00H；积最高 8 位＋CY 得（积）23～16
MOV R2，A；（积）23～16 存入 R2
RET
```

（4）除法指令（1 条）。

DIV A B

这条指令的功能是：将累加器 A 中的内容除以寄存器 B 中的 8 位无符号整数，所得商的整数部分存放在累加器 A 中，余数部分存放在寄存器 B 中。

注意：

① 除法结果影响程序状态字寄存器 PSW 的 OV（除数为 0 则置 1，否则为 0）和 CY（总是清 0）以及 P 标志。

② 当除数为 0 时结果不能确定。

【例 10-33】　利用除法指令把累加器 A 中的 8 位二进制数转换为 3 位 BCD 数，并以压缩形式存放在地址 21H、22H 单元中。

累加器 A 中的 8 位二进制数，先对其除以 100（64H），商数即为十进制的百位数；余数部分再除以 10（0AH），所得商数和余数分别为十进制十位数和个位数，即得到 3 位 BCD 数。百位数放在 21H 中，十位、个位数压缩 BCD 数放在 22H 中，十位与个位数的压缩 BCD 数的存放是通过 SWAP 和 ADD 指令实现的。参考程序如下：

```
MOV B，♯64H；除数 100 送 B
DIV AB；得百位数
```

MOV 21H，A；百位数存于 21H 中
MOV A，♯0AH；取除数 10
XCH A，B；上述余数与除数交换
DIV A B；得十位数和个位数
SWAP A；十位数存于 A 的高 4 位
ORL A，B；组成压缩 BCD 数
MOV 22H，A；十、个位压缩 BCD 数存 22H
RET

4. 逻辑运算类指令

在数字电路中我们学过"与门""或门""非门"等，在单片机中也有类似的运算，那么它们是如何分类的呢？逻辑运算类指令共 24 条，包括"与""或""异或""清零""求反""左右移位"等操作指令。其中逻辑指令有"与""或""异或"累加器 A 清零和求反 20 条，移位指令 4 条。

这些指令执行时一般不影响程序状态寄存器 PSW，仅当目的操作数为 A 时，对奇偶标志位 P 有影响，带进位的移位指令影响 Cy 位。逻辑运算指令用到的助记符有 ANL、ORL、XRL、RL、RLC、RR、RRC、CLR 和 CPL 共 9 种。其指令如表 10-4 所示。

表 10-4 逻辑运算类指令

类 型	助记符	功能	字节数	振荡周期
与	ANL A，Rn	$A\leftarrow (A) \wedge (Rn)$	1	12
	ANL A，@Ri	$A\leftarrow (A) \wedge ((Ri))$	1	12
	ANL A，♯data	$A\leftarrow (A) \wedge data$	2	12
	ANL A，direct	$A\leftarrow (A) \wedge (direct)$	2	12
	ANL direct，A	$Direct\leftarrow (direct) \wedge (A)$	2	12
	ANL direct，♯data	$Direct\leftarrow (direct) \wedge data$	3	24
或	ORL A，Rn	$A\leftarrow (A) \vee (Rn)$	1	12
	ORL A，@Ri	$A\leftarrow (A) \vee ((Ri))$	1	12
	ORL A，♯data	$A\leftarrow (A) \vee data$	2	12
	ORL A，direct	$A\leftarrow (A) \vee (direct)$	2	12
	ORL direct，A	$Direct\leftarrow (direct) \vee (A)$	2	12
	ORL direct，♯data	$Direct\leftarrow (direct) \vee data$	3	24
异 或	XRL A，Rn	$A\leftarrow (A) \oplus (Rn)$	1	12
	XRL A，@Ri	$A\leftarrow (A) \oplus ((Ri))$	1	12
	XRL A，♯data	$A\leftarrow (A) \oplus data$	2	12
	XRL A，direct	$A\leftarrow (A) \oplus (direct)$	2	12
	XRL direct，A	$Direct\leftarrow (direct) \oplus (A)$	2	12
	XRL direct，♯data	$Direct\leftarrow (direct) \oplus data$	3	24
求反	CPL A	$A\leftarrow (\overline{A})$	1	12
清零	CLR A	$A\leftarrow 0$	1	12

类　型	助记符	功能	字节数	振荡周期
左循环移位	RL A	A 左循环移一位	1	12
	RLC A	A 带进位左循环移一位	1	12
右循环移位	RR A	A 右循环移一位	1	12
	RRC A	A 带进位右循环移一位	1	12

（1）逻辑运算指令（20 条）。

①逻辑"与"指令（6 条）。

ANL A，direct

ANL A，Rn

ANL A，@Ri

ANL A，♯data

ANL direct，A

ANL direct，♯data

逻辑"与"运算指令是将两个指定的操作数按位进行逻辑"与"的操作。

【例 10-34】　已知（A）＝FAH＝11111010B，（R1）＝7FH＝01111111B

执行指令：ANL A，R1；（A）←11111010∧01111111

结果为：（A）＝01111010B＝7AH。

逻辑"与"指令遵循"全 1 为 1，有 0 为 0"的原则，常用于屏蔽（置 0）字节中某些位。若清除某位，则用"0"和该位相与；若保留某位，则用"1"和该位相与。

注意：

a. 以上指令结果通常影响程序状态字寄存器 PSW 的 P 标志。

b. 逻辑与指令通常用于将一个字节中的指定位清 0，其他位不变。

② 逻辑"或"指令（6 条）。

ORL A，direct

ORL A，Rn

ORL A，@Ri

ORL A，♯data

ORL direct，A

ORL direct，♯data

逻辑"或"指令将两个指定的操作数按位进行逻辑"或"操作。遵循"有 1 为 1，全 0 为 0"的原则，常用来使字节中某些位置"1"，欲保留（不变）的位用"0"与该位相或，而欲置位的位则用"1"与该位相或。

【例 10-35】　若（A）＝C0H，（R0）＝3FH，（3F）＝0FH

执行指令：ORL A，@R0；（A）←（A）∨（R0）

结果为：（A）＝CFH。

注意：

a. 以上指令结果通常影响程序状态字寄存器 PSW 的 P 标志。

b. 逻辑或指令通常用于将一个字节中的指定位置1，其余位不变。

③ 逻辑"异或"指令（6 条）

XRL A，direct

XRL A，Rn

XRL A，@Ri

XRL A，♯data

XRL direct，A

XRL direct，♯data

"异或"运算是当两个操作数不一致时结果为 1，两个操作数一致时结果为 0，这种运算也是按位进行，其助记符为 XRL。

逻辑"异或"指令遵循"相同为 0，不同为 1"的原则，常用来对字节中某些位进行取反操作，欲某位取反则该位与"1"相异或；欲某位保留则该位与"0"相异或。还可利用"异或"指令对某单元自身异或，以实现清零操作。

【例 10-36】 若（A）＝B5H＝10110101B，执行下列指令：

XRL A，♯0F0H；A 的高 4 位取反，低 4 位保留

MOV 30H，A；（30H）← （A）＝ 45H

XRL A，30H；自身异或使 A 清零

执行后结果：（A）＝00H。

注意：

a. 以上指令结果通常影响程序状态字寄存器 PSW 的 P 标志。

b. "异或"原则是相同为 0，不同为 1。

④ 累加器 A 清 0 和取反指令（2 条）。

CLR　A

CPL　A

第 1 条是对累加器 A 清零指令，第 2 条是把累加器 A 的内容取反后再送入 A 中保存的对 A 求反指令，它们均为单字节指令。若用其他方法达到清零或取反的目的，则至少需用双字节指令。

【例 10-37】 双字节负数求补码。

解：对于一个 16 位负数，R3 存高 8 位，R2 存低 8 位，求补结果仍存 R3、R2。求补的参考程序如下：

```
MOV A，R2
CPL A
ADD A，♯01H
MOV R2，A
MOV A，R3
```

```
            CPL A
            ADDC A，♯80H
            MOV R3，A
```

（2）循环移位指令（4 条）。

```
RL A
RLC A
RR A
RRC A
```

注意：执行带进位的循环移位指令之前，必须给 CY 置位或清 0。

移位指令有循环左移、带进位位循环左移、循环右移和带进位位循环右移 4 条指令，移位只能对累加器 A 进行。实际应用中，可用于多字节的乘法、除法以及对 I/O 口的操作中。其操作如图 10-9 所示。

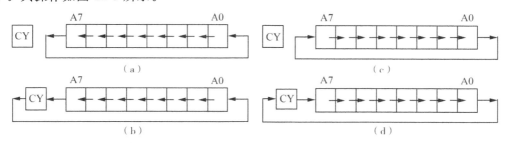

图 10-9　移位指令操作示意图

【例 10-38】　编制一个循环闪烁灯的程序。有 8 个发光二极管（共阳），每次其中某个灯闪烁点亮 20 次后，转移到下一个灯闪烁 20 次，循环不止。

其程序如下：

```
            ORG 0000H
MAIN：      MOV A，♯0FEH；灯亮初值
MAIN1：     LCALL FLASH；调闪亮 20 次子程序
            RR A ；右移一位
            SJMP MAIN1；循环
FLASH：     MOV R2，♯20；20 次计数初值设置
FLASH1：    MOV P1，A；点亮
            LCALL DELAY ；延时
            MOV P1，♯0FFH；熄灭
            LCALL DELAY ；延时
            DJNZ R2，FLASH1；循环控制 20 次
            RET
DELAY：     MOV R5，♯00H
DELAY1：    MOV R6，♯00H
```

DJNZ R6，$

DJNZ R5，DELAY1

RET

【例10-39】　16位数的算术左移。16位数在内存中低8位存放在M1单元，高8位存放在M1＋1单元。

解：所谓算术左移就是将操作数左移一位，并使最低位补0，相当于完成16位数的乘2操作，故称算术左移。其程序如下：

CLR　C；进位CY清零

MOV R1，♯M1；操作数地址M1送R1

MOV A，@R1；16位数低8位送A

RLC A；低8位左移，最低位补0

MOV @R1，A；低8位左移后，回送M1存放

INC R1；指向16位高8位地址M1＋1

MOV A，@R1；高8位送A

RLC A；高8位带低8位进位左移

MOV @R1，A；高8位左移后回送M1＋1存放

RET

5. 位操作类指令

位操作指令也叫布尔操作指令，在MCS-51系列单片机中，有一个功能很强的布尔处理器，它实际上是一个独立的一位处理器，它有一套专门处理布尔变量（布尔变量也叫开关变量，就是以位作为单位的运算和操作）的指令子集，以完成对布尔变量的传送、运算、转移、控制等操作，这个子集的指令就是布尔操作指令。在布尔处理器中，位的传送和位逻辑运算是通过Cy标志位来完成的，Cy的作用相当于一般CPU中的累加器。

被操作的位可以是片内RAM中20H～2FH单元的128位和专用寄存器中的可寻址位。

为什么要位寻址呢？单片机不是可以有多种寻址方式吗？前面我们学的指令全都是用字节来介绍的，如字节的移动、加减法、逻辑运算、移位等。用字节来处理一些数学问题，比如控制空调的温度、电视机的音量等，非常直观，可以直接用数值来表示。可是如果用它来控制一个开关的打开或者闭合，一个灯的亮或者灭，就有些不直接了。在工业控制中有很多场合需要处理这类单个的开关输出，比如一个继电器的吸合或者释放，一个指示灯的亮或者灭，用字节来处理就显得有些麻烦了，所以在51系列单片机中就特意引入了一个位处理机制。

（1）汇编语言中位地址的表达方式。

①直接位地址表达方式：直接用位地址表示。如位地址07H为20H单元的D7位，D6H为PSW的D6位即AC标志位。

②点操作符方式：即采用在字节地址或在8位寄存器名称后面缀上相应位来表示。字节或8位寄存器名称与位之间用"."隔开。如PSW.4，P1.0，20H.0，1FH.7等。

③位名称方式：如RS1，RS0，E0（Acc.0）。

④用户定义名方式：如用伪指令 bit。

如 USR _ FLG bit F0 经定义后，允许指令中用 USR _ FLG 代替 F0。

（2）位操作指令类型。位操作指令共 17 条，分 4 种类型。如表 10-5 所示。

表 10-5　位操作类指令

类型		助 记 符	功能	字节数	振荡周期
位传送		MOV C，bit	Cy← (bit)	2	12
		MOV bit，C	bit← (Cy)	2	12
位修正	清零	CLR C	Cy←0	1	12
		CLR bit	bit←0	2	12
	取反	CPL C	Cy← $\overline{(Cy)}$	1	12
		CPL bit	bit← $\overline{(bit)}$	2	12
	置位	SETB C	Cy←1	1	12
		SETB bit	bit←1	2	12
逻辑运算	与	ANL C，bit	Cy← (Cy) ∧ (bit)	2	24
		ANL C，/bit	Cy← (Cy) ∧ (bit)	2	24
	或	ORL C，bit	Cy← (Cy) ∨ (bit)	2	24
		ORL C，/bit	Cy← (Cy) ∨ (bit)	2	24
判 位 转 移		JC rel	(Cy) =1，转移	2	24
		JNC rel	(Cy) =0，转移	2	24
		JB bit，rel	(bit) =1，转移	3	24
		JNB bit，rel	(bit) =0，转移	3	24
		JBC bit，rel	(bit) =1，转移，后 bit←0	3	24

说明：/bit 将直接寻址位取反后再进行指定操作。

①位传送指令（2 条）。

MOV C，bit

MOV bit，C

注意：位传送指令的操作数中必须有一个是进位位 C，不能在其他两个位之间直接传送。进位位 C 也称为位累加器。

②位清零指令（4 条）。

CLR C

CLR bit

③位置 1 指令。

SETB C

SETB bit

④取反指令。

CPL C

CPL bit

⑤位逻辑与指令。

ANL C，bit

ANL C，/bit

第 1 条 CY 位与指定的位地址的值相与，结果送回 CY，第 2 条先将指定的位地址的值取出后取反再和 CY 相与，结果送回 C。但需注意，指定的位地址中的值本身并不发生变化。

【例 10-40】 ANL C，/P1.0

设执行本指令前 CY＝1，P1.0 等于 1，则执行完本指令后 CY＝0，而 P1.0 仍等于 1。

ORG 0000H

AJMP START

ORG 0030H

START：MOV SP ＃5FH

　　　　MOV P1，＃0FFH

　　　　SETB C

　　　　ANL C，/P1.0

　　　　MOV P1.1，C

⑥位逻辑或指令（2 条）。

ORL C bit

ORL bit C

⑦ 判位转移指令（3 条）。

JB bit，rel ；（bit）＝1 时，转移；操作：PC←（PC）＋3

（bit）＝1：PC←（PC）＋rel，转移

（bit）＝0：顺序执行

JNB bit，rel ；（bit）＝0 时，转移；操作：PC←（PC）＋3

（bit）＝0：PC←（PC）＋rel，转移

（bit）＝1：顺序执行

JBC bit，rel；（bit）＝1 时，转移；操作：PC←（PC）＋3

（bit）＝1：PC←（PC）＋rel，转移，bit←0

（bit）＝0：顺序执行

注意：

a. JBC 与 JB 指令的区别是：前者转移后并把寻址位清 0，后者只转移不清 0 寻址位。

b. 以上指令结果不影响程序状态字寄存器 PSW。

⑧判 CY 转移指令（2 条）。

JC rel；（Cy）＝1 时，转移 ；操作：PC←（PC）＋2

（Cy）＝1：PC←（PC）＋rel，转移

（Cy）＝0：顺序执行

JNC rel；（Cy）＝O 时，转移；操作：PC←（PC）＋2

（Cy）＝0：PC←（PC）＋rel，转移

（Cy）＝1：顺序执行

注意：以上结果不影响程序状态字寄存器 PSW。

Rel 的计算通式为：

Rel＝目的地址－（转移指令的起始地址＋指令的字节数）

【例 10-41】 比较内部 RAM 中 30H 和 40H 中的两个无符号数的大小。并将大数存入 50H，小数存入 51H 单元中。若两数相等则将片内 RAM 的 27H 位置"1"。

```
        MOV A，30H
        CJNE A，40H，Q1；不相等转
        SETB 27H；两数相等时 27H 置 1
        RET
Q1：     JCQ2；（Cy）＝1，（30H）＜（40H）转
        MOV 50H，A；（30H）＞（40H）
        MOV 51H，40H
        RET
Q2：     MOV 50H，40H
        MOV 51H，A
        RET
```

6. 控制转移类指令

控制转移指令共有 17 条，不包括按布尔变量控制程序转移指令。其中有 64 kB 范围内的长调用、长转移指令；有 2 kB 范围内的绝对调用和绝对转移指令；有全空间的长相对转移及一页范围内的短相对转移指令；还有多种条件转移指令。有了丰富的控制转移类指令，就能很方便地实现程序的向前、向后跳转，并根据条件分支运行、循环运行、调用子程序等，在编程上相当灵活方便。这类指令用到的助记符共有 10 种：AJMP、LJMP、SJMP、JMP、ACALL、LCALL、JZ、JNZ、CJNE、DJNZ。其指令见表 10-6 所示。

表 10-6　控制程序转移类指令

类型	助记符	功能	字节数	振荡周期
无条件转移	LJMP addr16	PC←addr16	3	24
	AJMP addr11	PC←addr11	2	24
	SJMP rel	PC←（PC）＋2＋rel	2	24
间接转移	JMP @A+DPTR	PC←（A）＋（DPTR）	1	24
无条件调用及返回	LCALL addr16	断点入栈，PC←addr16	3	24
	ACALL addr11	断点入栈，PC←addr11	2	24
	RET	子程序返回	1	24
	RETI	中断服务程序返回	1	24
条件转移	JZ rel	（A）为 0 转移，PC←（PC）＋2＋rel	2	24
	JNZ rel	（A）不为 0 转移，PC←（PC）＋2＋rel	2	24
	CJNE A，#data，rel	（A）不等于 data 转移，PC←（PC）＋3＋rel	3	24
	CJNE A，direct，rel	（A）不等于（direct）转移，PC←（PC）＋3＋rel	3	24
	CJNE Rn，#data，rel	（Rn）不等于 data 转移，PC←（PC）＋3＋rel	3	24
	CJNE@Ri，#data，rel	（（Ri））不等于 data 转移，PC←（PC）＋3＋rel	3	24
	DJNZR n，rel	（Rn）不等于 0 转移，PC←（PC）＋2＋rel	2	24
	DJNZ direct，rel	（direct）不等于 data 转移，PC←（PC）＋3＋rel	3	24
空操作	NOP	PC←（PC）＋1	1	12

（1）无条件转移指令（3 条）。

LJMP addr16；操作：PC←（PC）+3，PC←addr16

AJMP addr11；操作：PC←（PC）+2，PC10～0←addr10～0，PC15～11 不变

SJMP rel ；操作：PC←（PC）+2，PC←（PC）+rel

这类指令是当程序执行该类指令后，无条件地转移到指令所提供的地址处。指令执行后均不影响标志位。

第一条指令称长转移指令。允许转移的目的地址在 64kB 空间范围内。

第二条指令称绝对转移指令。指令中包含有目的地址的低 11 位，转移最大范围为 2kB。它是把 PC 所指向的当前地址的高 5 位与目的地址的 10～0 位合并在一起构成新的 16 位的目标转移地址。

使用 AJMP addr11 编程时必须注意：转移的目的地址必须与该转移指令后面的第一条指令的首地址同在一页内，即二者地址的高 5 位相同。否则，不能正常转移。

【例 10-42】 在以下三种情况，判断执行 KRD：AJMP KWRD 后能否实现正常跳转。KRD 为转移指令所在的地址，KWRD 为跳转目标标号地址。

KRD=0730H；KWRD=0100H

KRD=07FEH；KWRD=0100H

KRD=07FEH；KWRD=0830H

第一种情况能够实现正常跳转，由于 KRD+02=0732H 与 KWRD=0100H 的高 5 位相同，在同一页内。

第二种情况不能够实现正常跳转，由于 KRD+02=0800H 与 KWRD=0100H 的高 5 位不相同，不在同一页内。

第三种情况能够实现正常跳转。

SJMP 指令是无条件相对转移指令，又称短转移指令。该指令为双字节，指令中的相对地址是一个带符号的 8 位偏移量（2 的补码），其范围为-128～+127。负数表示向后转移，正数表示向前转移。该指令执行后程序转移到当前 PC 与 rel 之和所指示的地址单元。指令中的 Rel 可以直接用目的标号地址代替。编程时应注意目的标号地址与该转移指令之间的距离，即 rel 的取值范围，其范围应为-128～+127。rel 的计算应从转移指令后面的第一条指令的首地址算起。

（2）间接长转移指令（1 条）。

JMP @A+DPTR；PC←（A）+（DPTR）

该指令是无条件间接转移（又称散转）指令。目的地址由数据指针 DPTR 和 A 的内容之和形成。相加之后不修改 A 也不修改 DPTR 的内容，而是把相加的结果直接送至 PC 寄存器，指令执行后不影响标志位。该指令一般用于散转程序中。

【例 10-43】 根据 A 的数值设计散转表程序，程序如下：

```
MOV A , R1
MOV B, #02
MUL AB
```

　　　　　　MOV DPTR，＃TABLE；DPTR 指向数据散转表首地址

　　　　　　JMP @A＋DPTR

　　　　　　RET

　　TABLE：　AJMP PROG0；散转表

　　　　　　AJMP PROG1

　　　　　　AJMP PROG2

　　　　　　……

　　当（A）＝0 时，散转到 PROG0；当（A）＝1 时，散转到 PROG1……

　　TABLE 表是若干条 AJMP 语句，每个 AJMP 语句都占用了两个存储器的空间，并且是连续存放的，所以程序开始将 A 的内容乘以 2。

　　用 JMP @A＋DPTR 这条指令就实现了按下一个键跳转到相应程序段去执行的要求

　　（3）子程序调用及返回指令（4 条）。在主程序中，有时需要反复执行某段程序，通常把这段程序设计成子程序，用一条子程序调用指令，将程序转向子程序的入口地址。主程序调用了子程序，子程序执行完之后必须再返回到主程序继续执行，不能"一去不回头"，那么回到什么地方呢？就是回到调用子程序的下面一条指令处继续执行。

　　LCALL addr16 ；操作：PC←（PC）＋3，SP←（SP）＋1

　　（SP）←（PC）0～7，SP←（SP）＋1

　　（SP）←（PC）8～15，PC←addr16

　　ACALL addr11；操作：PC←（PC）＋2，SP←（SP）＋1

　　（SP）←（PC）0～7，SP←（SP）＋1

　　（SP）←（PC）8～15，PC0～10←addr0～10

　　（PC）11～15 不变

　　RET ；操作：PC8～15←（（SP）），SP←（SP）－1

　　PC0～7←（（SP）），SP←（SP）－1

　　RETI；中断返回

　　该类指令的执行均不影响标志位。

　　LCALL 与 LJMP 一样提供 16 位地址，可调用 64kB 范围内所指定的子程序。由于该指令为 3 字节指令，所以执行该指令时首先（PC）＋3→（PC），以获得下一条指令地址，并把此时 PC 内容压入堆栈（先压入低字节，后压入高字节）作为返回地址，堆栈指针 SP 加 2 指向栈顶，然后把目的地址 addr16 装入 PC。执行该指令不影响标志位。

　　ACALL 与 AJMP 一样提供 11 位目的地址。由于该指令为 2 字节指令，所以执行该指令时（PC）＋2→（PC）以获得下一条指令的地址，并把该地址压入堆栈作为返回地址。该指令可寻址 2kB，只能在与 PC 同一 2kB 的范围内调用子程序。执行该指令不影响标志位。

　　【例 10-44】　设（SP）＝30H，标号为 SUB1 的子程序首址在 2500H，（PC）＝3000H。执行指令：3000H：LCALL SUB1。

　　结果为：（SP）＝32H，（31H）＝03H，（32H）＝30H，（PC）＝2500H。

RET 指令是子程序返回指令，RETI 指令是中断返回指令。这两条指令的功能基本相同，只是 RETI 指令除把栈顶的断点弹送出 PC 外，同时释放中断逻辑使之能接受同级的另一个中断请求。使用时应注意：PSW 不能自动地恢复到中断前的状态。

（4）空操作指令。

$$NOP；（PC）← （PC）+1，$$

空操作指令是一条单字节单周期指令。它控制 CPU 不做任何操作，仅仅是消耗这条指令执行所需要的一个机器周期的时间，不影响任何标志，故称为空操作指令。但由于执行一次该指令需要一个机器周期，所以常在程序中加上几条 NOP 指令用于设计延时程序，拼凑精确延时时间或产生程序等待等。

（5）条件转移指令（8 条）。条件转移指令是当某种条件满足时，程序转移执行；条件不满足时，程序仍按原来顺序继续执行。条件转移的条件可以是上一条指令或者更前一条指令的执行结果（常体现在标志位上），也可以是条件转移指令本身包含的某种运算结果。

①累加器判零转移指令。这类指令有 2 条。

JZ rel；若（A）=0，则（PC）← （PC）+2+rel

若（A）≠0，则（PC）← （PC）+2

JNZ rel；若（A）≠0，则（PC）← （PC）+2+rel，

若（A）=0，则（PC）← （PC）+2

【例 10-45】 将外部数据 RAM 的一个数据块传送到内部数据 RAM，两者的首址分别为 DATA1 和 DATA2，遇到传送的数据为零时停止。

解：外部 RAM 向内部 RAM 的数据传送一定要以累加器 A 作为过渡，利用判零条件转移正好可以判别是否要继续传送或者终止。

MOV R0，♯DATA1；外部数据块首址送 R0

MOV R1，♯DATA2；内部数据块首址送 R1

LOOP：MOVX A，@R0；取外部 RAM 数据入 A

HERE：JZ HERE；数据为零则终止传送

MOV @R1，A；数据传送至内部 RAM 单元

INC R0；修改地址指针，指向下一数据地址

INC R1

SJMP LOOP；循环取数

②比较转移指令。比较转移指令共有 4 条，其一般格式为：

CJNE 目的操作数，源操作数，rel

这组指令是先对两个规定的操作数进行比较，根据比较的结果来决定是否转移到目的地址。

4 条比较转移指令如下：

CJNE A，♯data，rel

CJNE A，direct，rel

CJNE　@Ri，＃data，rel

CJNE　Rn，＃data，rel

这 4 条指令的含义分别为：

若目的操作数＝源操作数，则（PC）← （PC）＋3；

若目的操作数＞源操作数，则（PC）← （PC）＋3＋rel，CY＝0；

若目的操作数＜源操作数，则（PC）← （PC）＋3＋rel，CY＝1。

指令的操作过程如图 10-10 所示。

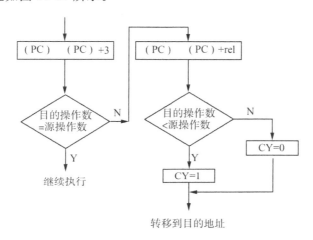

图 10-10　比较转移指令操作过程

【例 10-46】

```
          MOV A，R0
          CJNE A，＃10H，L1
          MOV R1，＃0FFH
          AJMP L3
L1：      JC L2
          MOV R1，＃0AAH
          AJMP L3
L2：      MOV R1，＃0FFH
L3：      SJMP L3
```

③减条件转移指令（循环转移指令）。减 1 条件转移指令有如下两条：

DJNZ direct，rel；（direct）← （direct）－1，D5directrel

若（direct）＝0，则（PC）← （PC）＋3

否则，（PC）← （PC）＋3＋rel

DJNZ Rn，rel ；（Rn）← （Rn）－1，D8～DFrel

若（Rn）＝0，则（PC）← （PC）＋2

否则，（PC）← （PC）＋2＋rel

在应用中，当需要多次重复执行某段程序时，可以将工作寄存器或片内 RAM 中的地址单元作为一个计数器，每执行一次该段程序，计数器内容减 1。当计数器内容减 1 不为 0 时，继续执行该段程序，直至减至 0 时退出。使用时，应首先将计数器预置初值，然后再执行该段程序和减 1 判 0 指令。

【例 10-47】　从 P1.0 输出 15 个方波。

```
            MOV R2，#30；预置方波数
PULSE：     CPL P1.0；P1.0 取反
            DJNZ R2，PULSE；（R2）－1 不等于 0 继续循环
            RET
```

因为执行 CPL P1.0 需要 1 个机器周期宽度，执行 DJNZ R2，PULSE 需要 2 个机器周期宽度，二者之和为 3 个机器周期。所以执行上面程序时，P1.0 输出方波的周期为 6 个机器周期，高低电平各 3 个机器周期。

【例 10-48】　将内部 RAM 中从 DATA 单元开始的 10 个无符号数相加，相加结果送 SUM 单元保存。

解：设相加结果不超过 8 位二进制数，则相应的程序如下：

```
            MOV R0，#0AH；给 R0 置计数器初值
            MOV R1，#DATA；数据块首址送 R1
            CLR A；A 清零
LOOP：      ADD A，@R1；加一个数
            INC R1；修改地址，指向下一个数
            DJNZ R0，LOOP；R0 减 1，不为零循环
            MOV SUM，A；存 10 个数相加和
            RET
```

❋ 10.5　汇编语言程序设计举例

1. 顺序结构程序设计

顺序结构是最简单、最基本的程序结构，其特点是按指令的排列顺序一条条地执行，直到全部指令执行完毕为止。不管多么复杂的程序，总是由若干顺序程序段所组成的。如果某一个需要解决的问题可以分解成若干个简单的操作步骤，并且可以由这些操作按一定的顺序构成一种解决问题的算法，则可用简单的顺序结构来进行程序设计。

【例 10-49】　单字节压缩 BCD 码转换成二进制码子程序。

解：设两个 BCD 码 d1d0 表示的两位十进制数压缩存于 R2，其中 R2 高 4 位存十位，低 4 位存个位，要把其转换成纯二进制码的算法为：（d1d0）BCD＝d1×10＋d0。实现该算法所编制的参考子程序如下：

入口：待转换的 BCD 码存于 R2。

出口：转换结果（8 位无符号二进制整数）仍存 R2。

ORG 0000H

MOV A，R2；（A）← （d1d0） BCD

ANL A，♯0F0H；取高位 BCD 码 d1

SWAP A；（A）＝0d1H

MOV B，♯0AH ；（B）←10

　　　　MUL A B；d1×10

MOV R3，A；R3 暂存乘积结果

MOV A，R2 ；（A）← （d1d0） BCD

ANL A，♯0FH；取低位 BCD 码 d0

ADD A，R3；d1×10＋d0

MOV R2，A；保存转换结果

RET；子程序返回

【例 10-50】　将两个半字节数合并成一个 1 字节数。

设内部 RAM 40H♯，41H 单元中分别存放着 8 位二进制数，要求取出两个单元中的低半字节，并成 1 个字节后，存入 50H 单元中。程序如下：

START：MOV　R1，♯40H；设置 R1 为数据指针

MOV　A，@R1；取出第一个单元中的内容

ANL　A，♯0FH；取第一个数的低半字节

SWAP　A；移至高半字节

INC　R1；修改数据指针

XCH　A，@R1；取第二个单元中的内容

ANL　A，♯0FH；取第二个数的低半字节

ORL　A，@R1；拼字

MOV　50H，A；存放结果

RET

2. 分支程序设计

顺序结构程序设计是最基本的程序设计技术。在实际的程序设计中，有很多情况往往还需要程序按照给定的条件进行分支。这时就必须对某一个变量所处的状态进行判断，根据判断结果来决定程序的流向。这就是分支（选择）结构程序设计。

在编写分支程序时，关键是如何判断分支的条件。在 51 单片机指令系统中，有 JZ（JNZ）、CJNE、JC（JNC）及 JB（JNB）等丰富的控制转移指令，它们是分支结构程序设计的基础，可以完成各种各样的条件判断、分支。

注意执行一条判断指令，只可以形成两路分支，如果要形成多路分支，就必须进行多次判断，也就是多条指令连续判断。

【例 10-51】　两个无符号数比较（两分支）。内部 RAM 的 20H 单元和 30H 单元各存放了一个 8 位无符号数，请比较这两个数的大小，比较结果显示在实训的实验

板上：

若（20H）≥（30H），则 P1.0 管脚连接的 LED 发光；

若（20H）＜（30H），则 P1.1 管脚连接的 LED 发光。

题意分析：

本例是典型的分支程序，根据两个无符号数的比较结果（判断条件），程序可以选择两个流向之中的某一个，分别点亮相应的 LED。

比较两个无符号数常用的方法是将两个数相减，然后判断有否借位 CY。若 CY＝0，无借位，则 X≥Y；若 CY＝1，有借位，则 X＜Y。程序的流程图如图 10-11 所示。

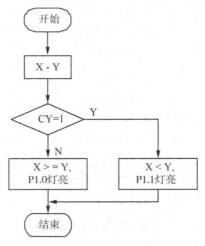

图 10-11　程序流程图

源程序如下：

```
        XDATA20H ；数据地址赋值伪指令 DATA
        YDATA30H
        ORG 0000H
        MOV A，X
        CLR C
        SUBB A，Y
JC   L1
CLR   P1.0
        SJMP FINISH
        L1：CLRP1.1
FINISH：SJMP $
        END
```

3. 循环程序设计

【例 10-52】　工作单元清 0 程序。设 R1 中存放被清 0 低字节单元地址；R3 中存放欲清 0 的字节数，即 R3 为计数指针。程序采用先进入处理部分，再控制转移。控制转移指令采用 DJNZ。程序如下：

　　START：MOV　R3，♯data；清 0 的字节数送 R3

　　MOV　R1，♯addr；R1 指向被清 0 字节的首地址

　　CLR A；清 0 累加器

　　LOOP：MOV @R1，A；指定单元清 0

　　INC　R1

　　DJNZ　R3，LOOP；（R3）－1≠0，继续清 0

　　RET

由于程序设计中经常会出现如图 10-11 所示的循环程序结构，为了编程方便，单片机指令系统中专门提供了循环指令 DJNZ，以适用于上述结构的编程。

　　DJNZ R3，LOOP；R3 中存放控制次数，R3－1→R3，R3≠0，转移到 LOOP 继续循环，否则执行下面指令。

【例 10-53】　设在内部 RAM 的 BLOCK 单元开始处有长度为 LEN 个的无符号数据块，试编一个求和程序，并将和存入内部 RAM 的 SUM 单元（设和不超过 8 位）。

　　BLOCK　EQU　20H

　　LENEQU　30H

　　SUM　EQU　40H

　　START：CLR A；清累加器 A

　　　　　　　　MOV R2，♯LEN；数据块长度送 R2

　　　　　　　　MOV R1，♯BLOCK；数据块首址送 R1

　　LOOP：ADD A，@R1；循环加法

　　　　　　　　INC R1；修改地址指针

　　　　　　　　DJNZ R2，LOOP；修改计数器并判断

　　　　　　　　MOV SUM，A；存和

　　　　　　　　RET

4. 子程序调用

调用子程序的指令有 "ACALL" 和 "LCALL"，执行调用指令时，先将程序地址指针 PC 改变（"ACALL" 加 2，"LCALL" 加 3），然后 PC 值压入堆栈，即具有保护主程序断点的功能，然后用新的地址值代替。

子程序调用中，主程序应先把有关的参数存入约定的位置；子程序在执行时，可以从约定的位置取得参数；当子程序执行完，将得到的结果再存入约定的位置；返回主程序后，主程序可以从这些约定的位置上取得需要的结果，这就是参数的传递。

【例 10-54】　调用 100ms 延时子程序。

主程序：ACALL DELAY

…

子程序：

DELAY：MOV R6，♯0C8H

```
LOOP1：MOV R7，♯0F8H
        NOP
LOOP2：DJNZ R7，LOOP2s
        DJNZ R6，LOOP1
        RET
```

5. 定时器编程

【例 10-55】 用定时器以方式 1 工作，实现 1s 的延时。

解：因方式 1 采用 16 位计数器，其最大定时时间为：$65536 \times 1s = 65.3536ms$，因此可选择定时时间为 50ms，再循环 20 次。定时时间选定后，再确定计数值为 50000，则定时器 1 的初值为：

$X = M（计数值 = 65536）50000 = 15536 = 3CB0H$

即：$TH1 = 3CH$，$TL1 = 0B0H$，又因采用方式 1 定时，故 $TMOD = 10H$。可编得 1 s 延时子程序如下：

```
DELAY：MOV   R3，♯14H；置 50 ms 计数循环初值
MOV   TMOD，♯10H；设定时器 1 为方式 1
MOV   TH1，♯3CH；置定时器初值
MOV   TL1，♯0B0H
SETBT R1；启动定时器 1
LP1：JBCTF1，LP2；查询计数溢出
SJMPL P1；未到 50 ms 继续计数
LP2：MOV TH1，♯3CH；重新置定时器初值
MOV T L1，♯0B0H
DJNZ  R3，LP1；未到 1 s 继续循环
RET
```

6. 外部中断编程

【例 10-56】 利用 $\overline{INT0}$ 做一个计数器。当 $\overline{INT0}$ 有脉冲时，A 的内容加 1。并且当 A 的内容大于或等于 100 时将 P1.0 置位。

```
ORG   0000H
LJMP  MIN0
ORG   0003H
LJMP  INTB0
ORG   000bH
RETI
ORG   0013H
RETI
ORG   001BH
```

```
                ERTI
                ORG    0023H
                ERTI
                ORG    0030H
MIN0：          MOVS  P，♯30H；主程序
                SETB   IT0
                SETB   EX0
                CLR   PX0
                SETB   EA
                MOV    A，♯00
MIN1：NOP
                LJMP Min1
                ORG 0100H
INTB0：PUSH PSW；INT0的中断服务程序
                ADD    A，♯01
                CJNE    a，♯100，INTB1
                LJMP    INTB2
INTB1：         JC  INTB3
INTB2：         SETB    P1.0
INTB3：         POP   PSW
                RETI
```

7. 定时器中断编程

【例 10-57】　　试编写由 P1.0 输出一个周期为 2min 的方波信号的程序。已知 fosc＝12MHz。

解：此例要求 P1.0 输出的方波信号的周期较长，用一个定时器无法实现。解决的办法可采用定时器加软件计数的方法或者采用两个定时器合用的方法来实现。这里仅介绍定时器加软件计数的方法。

具体方法为：将 T1 设置为定时器方式，定时时间为 10ms，工作于模式 1；再利用 T1 的中断服务程序作为软件计数器，共同实现 1min 的定时。整个程序由两部分组成，即由主程序和 T1 的中断服务程序。其中主程序包括初始化程序和 P1.0 输出操作程序，中断服务程序包括毫秒（ms）、秒（s）、分（min）的定时等。

编写 T1 的中断服务程序时，应首先将 T1 初始化，并安排好中断服务程序中所用到的内部 RAM 中地址单元。

T1 的计数初值：$X＝2^{16}－12×10×1000/12＝55536＝D8F0H$。

中断服务程序所用到的地址单元安排如下：

40H 单元作 ms 的单元，计数值为 1s/10ms＝100 次；

41H 单元作 s 的计数单元，计数值为 1min/s＝60 次。

29H 单元的 D7 位（位地址为 4FH）作 1min 计时到的标志位，即标志用 4FH。

具体程序如下：

主程序：ORG　0000H

　　　　AJMP　0030H

　　　　ORG　001BH

　　　　AJMP　1100H

　　　　ORG　0030H

　　　　MOV　TMOD，♯10H；T1 定时，模式 1

　　　　MOV　TH1，♯0D8H；T1 计数初值

　　　　MOV　TL1，♯0F0H

　　　　SETB　EA ；CPU、T1 开中断

　　　　SETB　ET1

　　　　SETB　TR1；启动 T1

　　　　MOV　40H，♯100 ；毫秒计数初值

　　　　MOV　41H，♯60；秒计数初值

　　　　CLR　4FH

TT：JNB　4FH，TT；等待 1min 到

　　　　CLR　4FH ；清分标志值

　　　　CPL　P1.0；输出变反

　　　　AJMP　TT；反复循环

T1 中断服务程序：（由 001BH 转来）

　　　　ORG　1100H

　　　　PUSH　PSW

　　　　MOV　TH1，♯0D8H ；TI 重赋初值

　　　　MOV　TL1，♯0F0H

　　　　DJNZ　40H，TT1 ；1s 到否？

　　　　MOV　40H，♯100 ；1s 到，重赋秒的计数值

　　　　DJNZ　41H，TT1 ；1min 到否？

　　　　MOV　41H，♯60 ；1min 到了，重赋 1min 的计数值

　　　　SETB　4FH；置 1min 到标志位，告诉主程序。

TT1：POP　PSW

　　　　RETI

8. 串口通信编程

【例 10-58】　单片机通过中断方式接收 PC 机发送的数据，并回送。单片机串行口工作在方式 1，晶振为 6MHz，波特率 2400bps，定时器 1 按方式 2 工作。经计算，定时器预置值为 0F3H，SMOD=1。

参考程序如下：

```
            ORG 0000H
            LJMP CSH；转初始化程序
            ORG 0023H
            LJMP INTS；转串行口中断程序
            ORG 0050H
CSH：MOV TMOD，#20H；设置定时器 1 为方式 2
            MOV TL1，#0F3H；设置预置值
            MOV TH1，#0F3H
            SETB TR1；启动定时器 1
            MOV SCON #50H；串行口初始化
            MOV PCON #80H
            SETB EA；允许串行口中断
            SETB ES
            LJMP MAIN；转主程序（主程序略）
            ...
INTS：CLR EA；关中断
            CLR RI；清串行口中断标志
            PUSH DPL；保护现场
            PUSH DPH
            PUSH A
            MOV A，SBUF；接收 PC 机发送的数据
            MOV SBUF，A；将数据回送给 PC 机
WAIT：JNB TI，WAIT；等待发送
            CLR TI
            POP A；发送完，恢复现场
            POP DPH
            POP DPL
            SETB EA；开中断
            RETI；返回
```

❋ 10.6　在 C 语言代码中加入汇编指令

　　51 单片机相对执行速度较慢，因此有时可能需要注意程序的执行效率及编程上的技巧处理，最大限度地发挥单片机性能，满足项目开发的实际需要。而汇编语言的高效、快速及可直接对硬件进行操作等优点是 C 语言所难以达到的。本节绍 KEIL C51 中 C 语言和汇编语言混合编程的方法，将这两种语言的优点完美地结合，更大限度地发挥 51 单片机

的性能。

C 语言和汇编语言混合编程时，用汇编语言编写对有关硬件的驱动和处理、复杂的算法、实时性要求较高的底层代码，来满足某些硬件上的高效、快速、精确的处理等要求。用 C 语言来编写程序的主体部分。这样就将 C 语言的可移植性强和可读性好与汇编语言的高效、快速及可直接对硬件进行操作的优点相结合。

1. 在 C 语言代码中里加入汇编指令的方法

通过使用预处理指令 ♯pragma asm 和 ♯pragma endasm 来实现言。♯pragma asm 用来标识所插入的汇编语句的起始位置，♯pragma endasm 用来标识所插入的汇编语句的结束位置，这两条命令必须成对出现，并可以多次出现。C51 编译时不对插入的汇编代码进行任何的处理。

【例 10-59】 在 C 语言中加入汇编语言模块。

```
void func ()
{
……//C 语言代码
♯pragma asm
MOV R6，♯23
DELAY2：MOV R7，♯191
DELAY1：DJNZ R7，DELAY1
DJNZ R6，DELAY2
RET
♯pragma endasm
……//C 语言代码
}
```

2. C 语言函数的参数与汇编寄存器的对应关系

如果进行 C 语言函数与汇编的混合编程，需要知道 C 语言函数的参数与汇编寄存器的对应关系，C51 函数的参数传递规则如表 10-7、表 10-8 所示。

表 10-7　通过寄存器传递的函数参数表

参数长度	第 1 个形参	第 2 个形参	第 3 个形参
1 字节（char）	R7	R5	R3
2 字节（int）		R4（H）R5	R2（H）R3
3 字节（通用指针）	R1（H）～R3		
4 字节（long）	R4（H）～R7		

表 10-8　函数返回值使用的寄存器列表

返回类	使用的寄存器
位数据（bit）	位累加器 CY
1 字节（char）	R7
2 字节（int）	R6（H）R7
3 字节（通用指针）	R3（类型）R2（H）R1
4 字节（long）	R4（H）～R7

3. 编译时提示 "asm/endasm" 出错的解决方法

在 C 语言代码中加入汇编指令后，其程序在编译时，可能会有如下报错：

compiling sendata. c…

sendata. c（81）：error C272：′asm/endasm′ requires src—control to be active

sendata. c（87）：error C272：′asm/endasm′ requires src—control to be active

Target not created

解决方法如图 10-12 所示，首先右键单击包含有汇编部分的 C 语言文件名，然后单击图中所示的菜单项中的选项，弹出图 10-13 对话框。

图 10-12　提示 "asm/endasm" 出错的解决方法

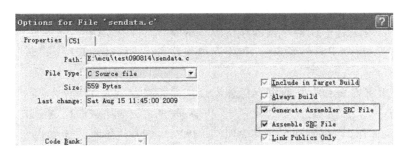

图 10-13　设置文件属性对话框

在对话框中，将图中有标记的两项打上勾（默认的情况下，前面的勾是灰色的，要让这两项前的勾变为黑色的），点击 "确定"。

4. 编译时出现？C_START 等相关警告的处理

按照上面的方法处理完之后，再次编译不会出现错误信息了，但是会出现下面的警告信息：

linking…

* * * WARNING L1：UNRESOLVED EXTERNAL SYMBOL

SYMBOL：? C_START

MODULE：STARTUP.obj（? C_STARTUP）

* * * WARNING L2：REFERENCE MADE TO UNRESOLVED EXTERNAL

SYMBOL：? C_START

MODULE：STARTUP.obj（? C_STARTUP）

ADDRESS：000DH

处理方法是在工程中加入"C51S.LIB"文件，如图 10-14 所示。"C51S.LIB"文件在 KEIL 安装目录下的"LIB"目录。

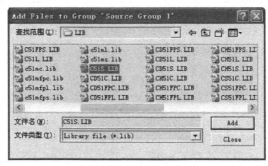

图 10-14　编译时出现？C_START 等相关警告的处理

注意加入该文件时，文件选择框默认只显示 .c 文件，需要在"文件类型"中选择 "Library file（*.lib）"，才能找到 LIB 文件。

【习　题】

1. MCS-51 指令系统中有哪些寻址方式？

2. 什么是源操作数？什么是目的操作数？通常在指令中如何加以区分？

3. 在 MOVX 指令中，@Ri 是一个 8 位地址指针，如何访问片外数据存储器的 16 位地址空间？

4. 访问专用寄存器和片外数据存储器时，应采用什么寻址方式？

5. 查表指令中都采用了基址加变址的寻址方式，在 MOVC A，@A＋DPTR 和 MOVC A，@A＋PC 中分别使用了 DPTR 和 PC 作基址寄存器，请指出这两条查表指令的区别。

6. 编写指令完成下列功能。

（1）将 R0 的内容送到 R5；

（2）将片内 RAM20H 单元的内容送到 30H；

（3）将片内 RAM40H 单元的内容送到片外 RAM 的 2000H 单元；

（4）将片外 RAM2000H 单元内容送到片外 RAM2010H 单元；

（5）将 ROM1000H 单元内容送到 A；

（6）将 ROM1000H 单元内容送到片外 RAM 的 2030H 单元。

7. 已知：累加器（A）＝20H，（R0）＝30H，内部 RAM（30H）＝56H，CY＝1，写出下列每条指令的执行结果。

(1) MOV A，@R0

(2) XCH A，30H

(3) XCH A，R0

(4) XCH A，@R0

(5) SWAP A

(6) ADD A，R0

(7) SUBB A，R0

(8) INC A

(9) CPL A

(10) ANL A，30H

(11) XRL A，♯30H

(12) RLC A

8. LJMP 指令、AJMP 指令和 SJMP 在用法上有何不同？

9. 阅读下列程序段，分析执行结果。

(1) MOV SP，♯30H

MOV A，♯20H

MOV B，♯3AH

PUSH ACC

PUSH B

POP ACC

POP B

上述程序段执行后，A、B 中的内容为多少？

(2) MOV A，♯08H

MOV R2，♯66H ＼

MOV 30H，♯0AH

MOV R0，♯30H

ADD A，R2

ADDC A，@R0

上述程序段执行后，A 中的内容为多少？

(3) CLR C

MOV 31H，♯00H

MOV 30H，♯5AH

MOV R2，♯08H

MOV A，30H

LOOP1：RLC A

JNC LOOP2

INC 31H

LOOP2：DJNZ R2，LOOP1

SJMP $

10. 请将片外数据存储器地址为 40H～60H 区域的数据块，全部搬移到片内 RAM 的同地址区域，并将原数据区全部填为 FFH。

11. 试编程将片外 RAM 中的 30H 和 31H 单元中内容相乘，结果存在 32H 和 33H 单元中，高位存在 33H 单元中。

12. 试编写两个 16 位无符号数相减的程序。被减数放在片内 RAM20H 和 21H 中（低字节在前），减数放在片内 RAM30H 和 31H 单元中（低字节在前），结果存到 40H 和 41H 单元中（低字节在前）。

13. 80C51 的片内 RAM 中，已知（30H）＝38H，（38H）＝40H，（40H）＝48H，（48H）＝90H。分析下面各条指令，说明源操作数的寻址方式以及按顺序执行各条指令后的结果。

MOV　A，40H

MOV　R0，A

MOV　P1，＃0F0H

MOV　@R0，30H

MOV　DPTR，＃3848H

MOV　40H，38H

MOV　R0，30H

MOV　D0H，R0

MOV　18H，＃30H

MOV　A，@R0

MOV　P2，P1

14. 请用位操作指令编写下面逻辑表达式的程序。

(1) Pl. 7＝Acc. 0×（B. 0＋P2. 1）＋P3. 2

(2) PSW. 5＝P1. 3×$\overline{Acc2}$＋B. 5×$\overline{p1. 1}$

(3) P2. 3＝Pl. 5×B. 4＋$\overline{Acc7}$×P1. 0

15. 有哪些分支转移指令用累加器 A 中的动态值进行选择？

16. 循环结构程序有何特点？51 系列单片机的循环转移指令有何特点？什么是多重循环？编程时应注意些什么？

17. 请按照要求完成下列程序。

(1) 请编写延时 1s 的延时程序，主频为 6MHz。

(2) 请编写多字节十进制（BCD 码）减法程序。

(3) 请编写多字节无符号十进制数（BCD 码）除法程序，并画出程序流程图。

参 考 文 献

［1］宋彩利．单片机原理与 C51 编程［M］．西安：西安交通大学出版社，2016

［2］王静霞．单片机应用技术（C 语言版）［M］．北京：电子工业出版社，2017

［3］刘文涛．MCS-51 单片机培训教程（C51 版）［M］．北京：电子工业出版社，2014

［4］张永枫．单片机应用实训教程［M］．北京：清华大学出版社，2016

［5］徐玮．C51 单片机高效入门［M］．北京：机械工业出版社，2015

［6］马忠梅．单片机的 C 语言应用程序设计［M］．北京：北京航空航天大学出版社，2011

［7］沙占友．集成化智能传感器原理与应用［M］．北京：电子工业出版社，2013

［8］郭天祥．新概念 51 单片机 C 语言教程［M］．北京：电子工业出版社，2017

附录 1　单片机的软件模拟仿真调试

仿真是单片机开发过程中一个非常重要的环节。除了一些很简单的任务，一般产品的开发过程都要进行仿真。

1. 什么单片机的仿真调试

仿真的主要目的是进行软件调试、排错，同时借助仿真也进行一些硬件排错。单片机程序的仿真调试一般包括下面功能：①在程序执行时跟踪变量的赋值过程；②查看内存内容；③查看堆栈的内容；④查看定时器状态；⑤模拟串口状态。查看这些内容的目的在于观察变量的赋值过程与变化情况，从而达到调试、排错的目的。单片机的程序的仿真分为两种：

（1）使用软件模拟仿真。即使用 Keil C 软件来模拟单片机的指令执行过程，并虚拟单片机片内资源（端口、定时器、中断、串口），从而达到调试、排错的目的。

（2）使用硬件仿真。硬件仿真调试需要用到仿真器，价格一般在上千元以上。仿真器能够仿真单片机的全部执行情况（所有的单片机接口，并且有真实的引脚输出），并且将内部资源状态返回给计算机，这样就可以在计算机看到单片机的内存及寄存器的状态。

下面介绍如何使用 Keil uVision 环境进行软件仿真调试。进行仿真前，编辑的程序必须是已经被 C51 编译通过，即程序编译后的错误数目为 0。

2. 进入软件调试仿真界面

如果程序已经编译通过，选择 Debug 下面的 Start/Stop Debug Session 菜单项，如附图 1-1 所示。该选项可以打开调试窗口（如果不想仿真了，再点击一次就退出调试窗口）。

附图 1-1　进入调试的菜单项

接着出现的界面就是调试窗口，如附图 1-2 所示。

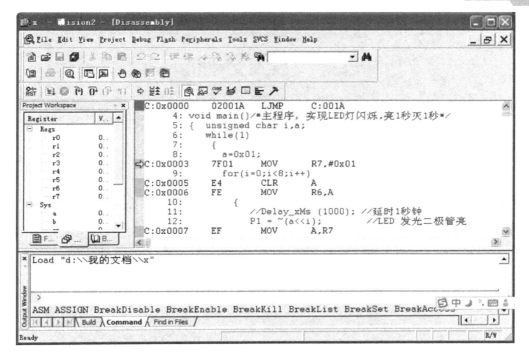

附图 1-2 调试窗口

3. 使用 Keil uVision 环境进行仿真调试

3.1 查看特殊功能寄存器的值

附图 1-2 中，左侧是"Project orkspace"窗口，窗口中"Regs"是单片机内存的相关情况值，"Sys"是系统一些累加器、计数器的值，具体含义如下：

"a"是累加器 ACC；

"b"是寄存器 B；

"dptr"是数据指针 DPTR；

"states"是执行指令的数量；

"sec"是执行指令的时间累计（单位秒）；

"psw"是程序状态标志寄存器 PSW；

"p"是奇偶标志位。

点击"⏩"按钮，单片机会模拟单片机单步执行指令。单片机指令执行的过程，各特殊功能寄存器的值会有相应的变化。监测这些特殊功能寄存器的值，进而达到调试的目的。

3.2 模拟 I/O 口的逻辑输入输出

进入过程如附图 1-3 所示，Port0、Port1、Port2、Port3 对应于单片机的 P0，P1，P2，P3 口，共 32 个针脚。附图 1-4 是 P1 口的逻辑输出界面的例子，点击"⏩"按钮，引脚的电平状态会随着指令的执行过程进行变化。

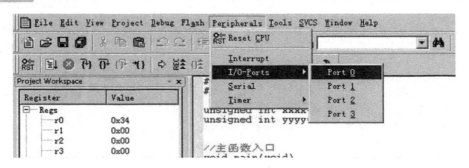

附图 1-3   监测输出信号的逻辑输出

上面看到的是输出，如果想要模拟在某个引脚输入逻辑值，用鼠标点击"ins"对应的引脚，改变其到要求的逻辑值。如附图 1-4 所示。

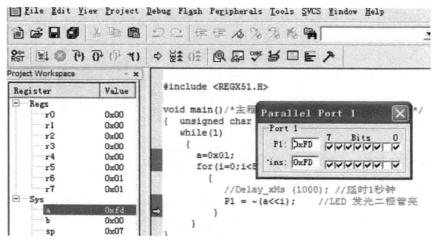

附图 1-4   P1 口的逻辑输出界面

3.3   中断输入的设置

进入过程如附图 1-5 所示，打开输入预设窗口的例子如附图 1-6 所示。选择不同的 Int Source 会有不同的 Selected Interrupt 的变化，通过选择与赋值达到模拟中断信号输入的目的。

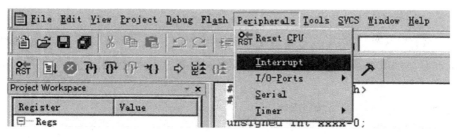

附图 1-5   打开输入预设窗口

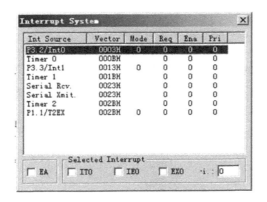

附图 1-6 输入值窗口

3.4 串口的设置与仿真

进入过程如附图 1-7 所示，该菜单项可以打开串口的设置与仿真窗口。设置串口通信参数的例子如附图 1-8 所示。

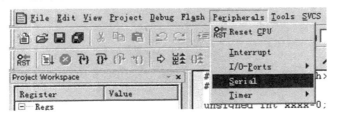

附图 1-7 打开串口的设置与仿真窗口

附图 1-8 置串口的窗口

点击菜单中快捷方式的 按钮将会出现串口检测窗口，可以监测从串口输出的 ASCⅡ代码。

3.5 定时器的设置与仿真

进入界面如附图 1-9 所示，有 3 个定时器与 1 个看门狗，设置定时器的数量与工程选择的单片机种类有关系，51 系列单片机有 2 个定时器、52 系列有 3 个定时器。具体设置如附图 1-10 所示。

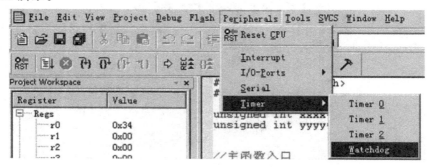

附图 1-9　进入定时器的设置与仿真界面

附图 1-10　T1 的监控界面

4. 常用的调试按钮

常用的调试按钮如附表 1-1 所示。点击按钮，单片机会模拟执行对应的功能。

附表 1-1　常用的调试按钮

图标	功能
RST	Reset，相当于单片机复位按钮
	全速运行，相当于单片机的通电执行
	停止全速运行
	step into，进入并单步执行
	step over 逐部执行一个过程
	step out 跳出
	执行到断点处

5. 查看 C 代码编译后生成的汇编代码

这是一个很实用的功能。点击菜单中的 ⌕ 按钮，功能是启动 Disassembly Windows。点击按钮后可以把 C51 语句显示出相应的汇编语言，如附图 1-11 所示。可以看出此时在编辑框内除了 C 语句外，还同时出现了汇编语句，而且汇编代码与 C 语句是对应的。

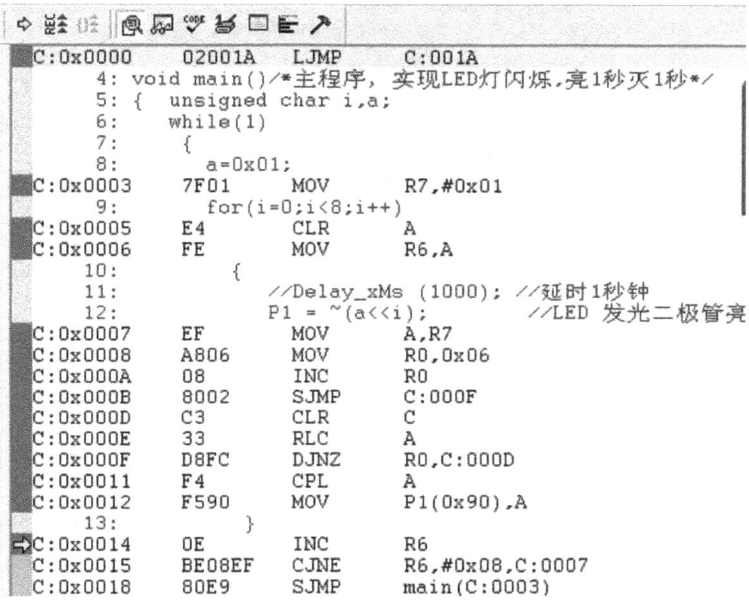

```
C:0x0000    02001A   LJMP      C:001A
         4: void main()/*主程序，实现LED灯闪烁,亮1秒灭1秒*/
         5: {  unsigned char i,a;
         6:     while(1)
         7:       {
         8:          a=0x01;
C:0x0003    7F01     MOV       R7,#0x01
         9:          for(i=0;i<8;i++)
C:0x0005    E4       CLR       A
C:0x0006    FE       MOV       R6,A
        10:            {
        11:            //Delay_xMs (1000); //延时1秒钟
        12:            P1 = ~(a<<i);            //LED 发光二极管亮
C:0x0007    EF       MOV       A,R7
C:0x0008    A806     MOV       R0,0x06
C:0x000A    08       INC       R0
C:0x000B    8002     SJMP      C:000F
C:0x000D    C3       CLR       C
C:0x000E    33       RLC       A
C:0x000F    D8FC     DJNZ      R0,C:000D
C:0x0011    F4       CPL       A
C:0x0012    F590     MOV       P1(0x90),A
        13:            }
⇨C:0x0014    0E       INC       R6
C:0x0015    BE08EF   CJNE      R6,#0x08,C:0007
C:0x0018    80E9     SJMP      main(C:0003)
```

附图 1-11　查看 C 代码编译后生成的汇编代码

附录2 STC 下载软件中串口助手的使用

1. 把编译好的串口程序下载到单片机中。
2. 点软件界面的"串口助手"菜单，进入串口助手界面，如附图 2-1 所示。

附图 2-1 STC 单片机下载软件的串口调试助手

3. 对串口助手进行设置。如附图 2-1 所示，设置串口号、波特率。
4. 如果要按十六进制形式显示接收数据，将十六进制显示选项选中。
5. 点击打开/关闭串口区中的"打开串口"按钮，打开后指示灯会变绿，如附图 2-2 所示。

附图 2-2 打开串口

6. 发送数据。在单字符发送区输入数据，点击"发送字符/数据"按钮，如附图 2-3 所示。

附图 2-3　发送数据到单片机

7. 接收数据区。能够将计算机接收到的数据显示到该区域，如附图 2-4 所示。

附图 2-4　接收数据区